MANUALI, TECNICA E SPORT

LE MANOVRE IN PORTO

Biblioteca del mare®

Bobby Schenk

Le manovre in porto

MURSIA

Titolo originale dell'opera: *Haffenmanöver*
Traduzione dal tedesco di Silvia Barabino condotta sulla sesta edizione
Illustrazioni di Götz-Peter Thiele

www.mursia.com

III edizione 2015

PREFAZIONE ALLA PRIMA EDIZIONE

Alcuni anni fa, quando credevo già di essere un velista esperto, provavo ancora una sensazione sgradevole, quando si trattava di accostare oppure salpare da un porto. Le conoscenze, acquisite durante il corso per la patente nautica, mi erano di scarsa utilità, poiché il mio dieci metri Thalassa *era troppo pesante, per poter accostare a vela alla banchina con la prua al vento. Quindi ci ho rinunciato dall'inizio – soprattutto per non mettere in pericolo tutte le altre barche in porto. In qualche modo sono riuscito, nel corso degli anni, a manovrare a motore senza scalfire lo scafo di* Thalassa.

Solo la frequenza di un corso pratico del « professore di vela », ing. Karl Sailer, che ci ha costretto a far pratica di manovre in porto sotto la pioggia e la neve con un grosso battello, mi ha aperto gli occhi, poiché anche con una barca di grandi dimensioni è possibile, come con le derive, compiere manovre in porto in acque ristrette, se si possiede la conoscenza necessaria del movimento e dell'influenza delle poche forze, che agiscono sulla barca. Questo libro vuole fornire al lettore i presupposti, per potersi esercitare praticamente, nelle diverse manovre, e piú tardi utilizzarle in caso di necessità.

Senza Karl Sailer, mio insegnante, non avrei potuto realizzare questo libro.

Bobby Schenk

Capitolo I
LA BARCA A VELA NON HA I FRENI

Allo skipper di una barca di otto metri, si può offrire proprio questa immagine di un porto sovraffollato, mentre durante le vacanze porta a spasso per il Mediterraneo la sua famiglia. Dopo aver compiuto un paio di giri, per dare un'occhiata al porto, si rende conto che l'unico posto disponibile, per la sua barca di due tonnellate, è a dritta lungo la banchina. Il nostro skipper non naviga da molto tempo. Quindi è piuttosto nervoso: il motore è in panne, e deve anche accostare a vela per la prima volta. Con una deriva leggera non sarebbe un problema, questa manovra l'ha imparata, infatti, al corso di vela: accosterebbe semplicemente alla banchina di prua. Se la manovra risultasse troppo corta, basterebbe ripeterla, mentre dalle barche vicine verrebbe al massimo qualche commento sardonico. Se la manovra fosse troppo lunga, con una deriva leggera basterebbe tenere lontana la barca dalla banchina con la gamba, per evitare danni alla prua.

Fig. 1. Dall'aereo, oppure da una prospettiva a volo d'uccello, i porti sembrano sempre piuttosto aperti. A bordo invece ci si stupisce di avere solo una ristretta prospettiva. In questo caso lo skipper ha fortuna...

In tutt'altro modo si deve comportare il nostro skipper, con la sua barca di due tonnellate. Se ha avuto fortuna, durante il corso lo avranno almeno avvertito che con una barca pesante non si può accostare di prua. Le conseguenze sarebbero disastrose, se la manovra non è stata calcolata al centimetro: se la velocità è eccessiva, 2000 chilogrammi arriverebbero sulla banchina con l'inerzia di un autoarticolato e non ci sarebbe alcuna possibilità di allontanare, in tempo, la prua con le gambe o addirittura con le mani.

Ne conseguirebbero gravi danni.

Fig. 2. Con una deriva, un accosto di prua, troppo veloce, può essere facilmente corretto con le gambe.

È praticamente impossibile calcolare al centimetro l'accosto di prua, con una barca a chiglia. Una deriva ha un abbrivio, contro vento, di cinque o dieci metri, mentre con uno yacht siamo nell'ordine di parecchie centinaia di metri, ogni volta a seconda della lunghezza, del peso, dell'attrezzatura, della marea e dell'intensità del vento. Se però si parte dal presupposto che la barca non può piú essere arrestata con le mani, e che anche un parabordo non sarebbe piú sufficiente, allora la manovra dovrebbe avere una precisione di almeno un metro – cosa impossibile.

Tra l'altro una manovra di questo tipo non sarebbe molto utile al nostro skipper, in quanto egli vorrebbe lasciare la barca incustodita. Se la lasciasse « appesa » come una deriva, dovrebbe sempre contare su una rotazione del vento, che schiaccia la barca contro la banchina. Inoltre la cima dovrebbe essere eccezionalmente lunga, poiché le barche pesanti tendono, anche a secco di tela, a muoversi di un paio di metri, nella direzione del vento. Inoltre la barca dovrebbe essere alata lungo la banchina, cosa che, con vento da terra, può rivelarsi un'operazione alquanto faticosa.

Il nostro skipper inizia a riflettere su come potrebbe riuscire a manovrare la sua barca sotto vela nel « buco » – senza segnare la fiancata. Intelligentemente, ripassa mentalmente la manovra al « contrario ».

Fig. 3. Con uno yacht un accosto di prua troppo veloce equivale a una catastrofe.

Quale dovrà essere la « posizione finale » della barca? Dovrà in qualche modo essere parallela alla banchina, nel posto libero. La distanza dalla banchina non dovrà essere superiore ad un metro, perché altrimenti nessuno riuscirà a sbarcare per portare le cime, cosa assolutamente necessaria, in quanto il vento da terra allontanerebbe la barca.

Fig. 4. Questa è la posizione finale della barca: senza abbrivio e parallela alla banchina.

È possibile arrivare sotto vela? Poiché il vento soffia esattamente dalla banchina, avrebbe poco senso lascare completamente la randa. Rimarrebbe aperta contro le sartie, offrendo al vento una presa sufficiente e la barca continuerebbe ad avanzare. Nel poco spazio non sarebbe possibile girarsi – vi lascio immaginare quali sarebbero le conseguenze!

Nel momento in cui la barca si trova parallela alla banchina, nel suo « buco », per lo meno la randa dovrà essere ammainata. Poiché è possibile ammainare la randa, in sicurezza, solo contro vento, bisognerà orzare e mettersi prima prua al vento. Una barca, che si avvicina alla banchina con la randa issata, è uno degli incubi di un pacifico ormeggiatore. D'altra parte la barca dovrà avere ancora un abbrivio sufficiente per poter raggiungere il posto previsto. Rimangono dunque due soluzioni possibili.

Una possibilità per lo skipper è di ammainare la randa, poco dopo l'ingresso del porto, e cercare di compiere tutta la mano-

Fig. 5. In questo modo la barca non si fermerà mai.

vra con il solo fiocco. Il fiocco infatti può essere ammainato a tutte le andature. Questa possibilità però presenta lo svantaggio che, navigare senza la randa, può essere piuttosto faticoso. L'altra possibilità per lo skipper è di togliere prima il fiocco e sfruttare l'abbrivio rimasto, dopo aver ammainato la randa, per raggiungere la banchina.

Fig. 6. Con l'abbrivio restante, dopo aver ammainato la randa, di nuovo in rotta verso la banchina.

Adesso ci sono però nuovi problemi. È vero che l'abbrivio restante non dev'essere stimato al centimetro, come nel caso dell'accosto di prua, in quanto allo skipper restano ancora due lunghezze di barca a disposizione. Tuttavia manca ovviamente l'effetto frenante del vento, che adesso proviene al traverso della barca. Quindi anche in questo caso ci possiamo affidare solamente alla perdita di abbrivio della barca. La barca dev'essere fermata con una cima, fissata ad una bitta sulla banchina. Lo skipper chiederà, ad uno spettatore sul molo, di prendere la cima, che gli lancia, e di incappellare la gassa d'amante su di una bitta. La cima dev'essere a prua o a poppa? Lo skipper ripassa di nuovo, mentalmente, la manovra. Se la cima è assicurata a prua, la barca avanza per cosí dire sulla cima. La conseguenza sarebbe una enorme trazione della parte anteriore della barca nella direzione della banchina. La prua urterebbe quasi certamente contro il molo.

Fig. 7. Sbagliato: la cima di prua rallenta effettivamente la barca, ma tira la prua verso la banchina.

Quindi la cima deve portare a poppa. Anche in questo caso non mancherebbe lo strattone, ma con conseguenze meno gravi. L'equipaggio deve quindi evitare questa trazione. Il modo migliore consiste nel far filare la cima sopra una galloccia e nel fermarla *gradualmente*.

Non appena l'abbrivio si è esaurito, l'effetto del vento prenderà il sopravvento ed allontanerà progressivamente la barca dalla banchina. Occorre perciò portare almeno una seconda cima da prua sulla banchina. Nessun problema, in quanto se l'abbrivio si è esaurito, la barca rimarrà per breve tempo ferma, sufficientemente a lungo, tuttavia, per consentire ad un membro dell'equipaggio di saltare a terra con la cima, se non ci fosse qualche spettatore volenteroso a riceverla.

Fig. 8. Giusto: con una cima a poppa si rallenta la barca.

La manovra, per accostare alla banchina, nel buco libero, senza l'aiuto del motore, dev'essere eseguita nel seguente ordine:

Fig. 9. In questo modo uno skipper esperto risolve il problema dell'accosto; la cima a poppa è il freno.

Una manovra di questo tipo non è davvero difficile da eseguire, quando si sa come eseguirla e quando l'equipaggio è affiatato. Basta però che per un'inezia qualsiasi si inceppi - immaginate che la persona alla cima tenti di frenare la barca a mano - perché le conseguenze siano disastrose. È vero, ovviamente, che ognuno è libero di decidere come affondare la propria barca, tuttavia durante questo tipo di manovre vengono spesso coinvolte altre barche. Un incidente può rivelarsi estremamente costoso, se per esempio coinvolge una barca da regata del valore di centinaia di milioni.

Inoltre se non padroneggiate la tecnica dell'accosto - a motore o a vela - vi saranno preclusi ottimi posti nei porti, durante le vostre prossime vacanze. E buon ultimo: cosí come un buon pilota dev'essere in grado di decollare e atterrare in sicurezza, nello stesso modo perché la crociera a vela, non importa di quante miglia, possa riuscire completamente, occorre che alla fine la barca sia ormeggiata tranquillamente e senza danni al suo posto in porto.

Naturalmente la tecnica di accosto, descritta nell'esempio qui sopra, può essere utilizzata solo in quelle condizioni - posto lungo la banchina con un buon margine e vento al traverso. Una situazione diversa richiederà un'altra tattica. Tuttavia lo skipper non avrà mai bisogno di capacità particolari o addirittura di fortuna. Questo sarebbe contrario ai principi che fanno un buon marinaio. Ciò che è importante - come per ogni mestiere - è il *know-how* e un po' di esercizio, per essere in grado di avere ragione delle particolari condizioni, che lo skipper trova in porto. Nel corso di questo libro cercheremo di preparare il velista, nel modo piú vicino possibile alle condizioni reali. Il modo migliore per riuscirci è che il lettore cerchi di immaginarsi ogni volta la manovra, nel modo piú realistico possibile, e soprattutto che ogni volta che impartisce un ordine, per ogni manovra e persino per ogni cambiamento delle regolazioni, si chieda come reagirà la barca, in quel caso.

La riuscita di una manovra a vela dipende, in primo luogo, e in modo determinante, dalla dotazione dell'attrezzatura giusta, cioè adatta allo scopo. Ad esempio il velista, interessato alle regate, non si preoccuperà delle gallocce per le cime di ormeggio, dell'ancora oppure dei parabordi, in quanto a lui importa solamente percorrere un determinato percorso, nel piú breve tempo possibile. Se poi dovrà essere riaccompagnato in porto da una barca appoggio oppure se dovrà fermare il suo attrezzo sportivo, da solo, in qualche modo e tirarlo in secco, gli è indifferente. Al contrario è incomprensibile come molti diportisti si preoccupano di qual è lo spinnaker migliore oppure l'indicatore della direzione del vento piú sensibile, spendendo centinaia di migliaia di lire, e non degnano di un'occhiata l'attrezzatura per le manovre di ormeggio. In questo caso non è necessario un grosso investimento per attrezzare la vostra barca della dotazione per le manovre in porto.

Capitolo II
L'ATTREZZATURA GIUSTA PER LE MANOVRE IN PORTO

Vele

La velatura che la barca porta in mare, per avanzare il piú velocemente possibile, non necessariamente è la piú adatta per manovrare, nelle acque ristrette di un porto. Si pensi solo all'amatissimo spinnaker, che sarebbe impossibile ammainare per mancanza di spazio. Fondamentalmente una barca di grandi dimensioni può manovrare in porto con tutte le vele, tuttavia sarebbe meglio evitare le vele troppo grandi. Ad esempio, se il genoa grande va ancora bene in mare, sarebbe meglio però sostituirlo con un fiocco piú piccolo, prima della manovra di ormeggio.

Tuttavia, ancora piú importante della scelta delle vele, è il fatto che queste devono poter essere ammainate ed issate velocemente. Questo dipende non tanto dalle loro dimensioni, quanto dalla singola situazione e dal vento che soffia in quel momento. La cosa ottimale sarebbe se ogni vela venisse ammainata *immediatamente* dopo l'ordine. Nel caso del fiocco tradizionale questo non è un gran problema, basta lascare la drizza. Ancora piú adatto alle manovre in porto è il fiocco avvolgibile. Oltre al fatto che, solitamente, può essere ridotto piú velocemente, il suo vantaggio principale consiste nel fatto che la prua rimane libera per lavorare, mentre il fiocco classico, dopo essere stato ammainato, rimane inizialmente in coperta, prima di essere faticosamente fissato alla battagliola.

Una fonte di problemi, nelle manovre di accosto e partenza sottovela, è la randa. A parte le eccezioni, può essere ammainata solo di bolina stretta o prua al vento, con la scotta lascata. Questo significa che i bozzelli, per la scotta della randa, devono scorrere facilmente, in modo che quando la si lasca, la scotta scorre senza fatica. Anche in questo caso può succedere, in una barca poco ordinata, che la randa *killer* non scenda da sola, ma che si debba tirare e tirare, fino a che finalmente si ritrova ripiegata sul boma e non può piú fare danni. Spesso è solo questione di scorrevolezza dei canestrelli. È vero che i canestrelli in materiale sintetico scorrono meglio, tuttavia andrebbero, di tanto in tanto, lubrificati con un po' d'olio. I lubrificanti, piú adatti, sono alla grafite, ma occorre accettare che in poco tempo le vele si sporchino. Io preferisco una randa sporca, ma che scorre bene, ad una pulita che, nel momento decisivo, si incastra e mette in pericolo la barca.

Se navigate senza ritenuta, conviene preparare a questo scopo una cima per le manovre in porto. Una ritenuta del boma ha due funzioni. In navigazione serve – come semplice cima fissata nel punto di scotta del boma (controllare) verso prua – per evitare che il boma passi, in caso di strambata involontaria. In porto serve per scontrare la randa. Scontrare la randa di una barca a chiglia, spingendo il boma a mano, è un segno di scarsa abilità marinara. La ritenuta del boma invece non viene utilizzata per rallentare la barca con la randa. In primo luogo, viene utilizzata quando si dà fondo.

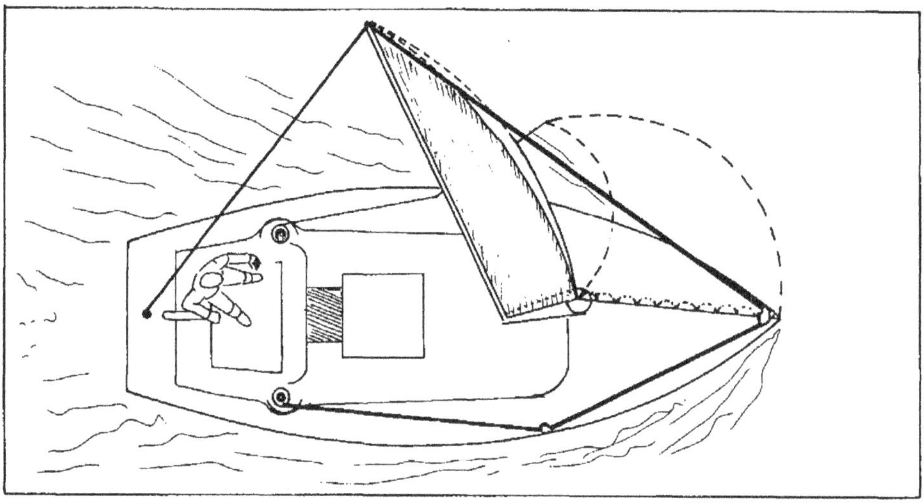

Fig. 10. In rotta, è particolarmente consigliabile rinviare la ritenuta del boma in pozzetto sul winch libero sopravvento; in questo modo è possibile modificare la posizione della randa, senza che un uomo debba andare a prua.

Motore e cambio

Il motore dovrebbe avere un invertitore, per facilitare le manovre di accosto e di partenza, cioè dovrebbe essere possibile anche fare retromarcia. Ovviamente solo pochissime manovre vengono eseguite a marcia indietro; la retromarcia serve in primo luogo per « frenare » la barca. Il cambio ad una leva si è rivelato il migliore; tuttavia deve essere ben inserito. Un motore che si spegne durante una manovra di accosto, può mettere in serio pericolo la barca. Nel caso di un motore non curato, la probabilità che si spenga proprio a basso numero di giri, necessario per cambiare marcia senza danneggiare il motore, è molto maggiore (intasare!) che non quando marcia a regime in alto mare. Per questo motivo, un motore ad albero unico dovrebbe essere provvisto di un contagiri, in modo che il timoniere possa rendersi conto quando raggiunge questa zona limite. Anche la velocità può essere controllata meglio, in base al numero di giri del motore.

Nel caso di un fuoribordo, senza retromarcia, dev'essere possibile ruotarlo sul suo supporto di 180°, per poter andare indietro.

Gallocce e bitte

Gallocce e bitte fanno parte degli « strumenti » piú importanti per le manovre di porto. Purtroppo spesso non viene loro prestata sufficiente attenzione. Devono poter resistere alle piú grandi sollecitazioni. Una galloccia è sufficientemente dimensionata solo quando lo skipper può affermare, in buona coscienza, che, prima che la bitta ceda, la barca può andare in pezzi.

Le bitte o le gallocce, avvitate in coperta, non bastano certamente. Anche punti di fissaggio imbullonati sono da considerare spazzatura. Nel caso di barche in vetroresina occorre che l'attrezzatura d'ormeggio sia rinforzata, per lo meno dal lato inferiore, con una piastra metallica. Nella zona delle gallocce la coperta dovrebbe inoltre essere particolarmente rinforzata.

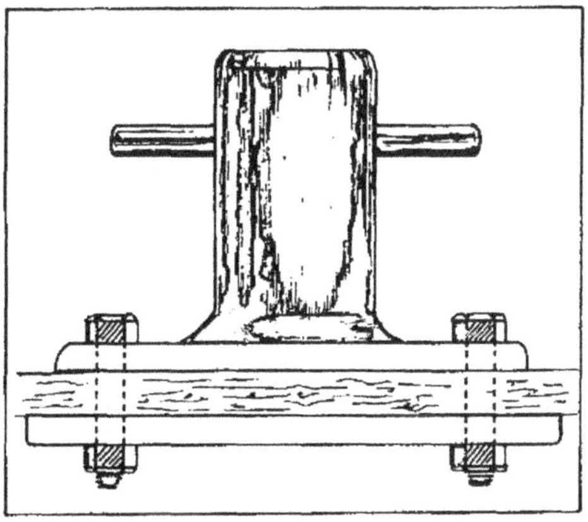

Fig. 11. Una galloccia d'ormeggio, oppure una bitta, dovrebbe essere fissata alla coperta nel modo piú solido possibile; le viti non sono sufficienti, la cosa migliore è una piastra sottostante.

Le gallocce d'ormeggio devono anche essere di dimensioni sufficienti. A che cosa servono, se sono sufficientemente robuste, ma non riescono a portare piú volte di una cima di nylon da 16 mm. Quanto piú sono grandi tanto meglio è.

Fig. 12. Le gallocce dovrebbero essere collocate con l'angolo giusto rispetto al passacavo, in modo che non logorino la cima (in alto).
La robustezza delle gallocce d'ormeggio dipende innanzitutto dal modo in cui sono fissate in coperta; nel caso di barche in acciaio, la soluzione migliore è la saldatura (in basso).

Una barca ben attrezzata è provvista, sia a prua che a poppa, di due gallocce d'ormeggio, particolarmente robuste. Nel caso di barche di piú di dieci metri sarebbe necessaria una galloccia, su ogni lato a metà barca, per gli spring.

Cavi

Non si hanno mai abbastanza cavi a bordo. Un cavo dell'ancora, di almeno 50 m di lunghezza, fa parte della attrezzatura di base di una barca, e questo dovrebbe essere il cavo piú robusto a bordo. Può anche essere utilizzato come cavo da traino. La sua robustezza dipende dalle dimensioni della barca:

Peso della barca (t)	*Diametro del cavo* (mm)	*Carico di rottura* (kg)*
fino a 1	10	2100
fino a 3	12	3000
fino a 5	14	4100
fino a 8	16	5300
fino a 12	18	8100

* Dalle indicazioni della ditta Liros

Il cavo di ormeggio dovrà essere altrettanto robusto del cavo dell'ancora, oppure al massimo essere inferiore di un numero. Come regola generale, vale anche in questo caso, che il carico di rottura dei cavi di prua e di poppa, insieme, non può essere inferiore al peso della barca. La lunghezza dei cavi di ormeggio, al contrario, dovrà essere due volte la lunghezza della barca. Sono necessari almeno quattro cavi di ormeggio: cima di poppa, spring di poppa, cima di prua e spring di prua. Le estremità della cima devono essere rifinite con un particolare sistema di impalmatura oppure con un'impalmatura cucita; la prima è piú facile da mettere in opera, non richiede l'« occorrente del cucito », e tiene altrettanto bene di quello cucito. I carichi, a cui sono sottoposte queste cime, sono talmente elevati che non è sufficiente fondere fra loro i trefoli di una cima di materiale sintetico su di una fiamma. Tranne che nel caso del cavo dell'ancora, non tengo in grande considerazione gli occhielli, oppure una redancia, impiombati all'estremità dei cavi di ormeggio. Se una di queste cime dev'essere lanciata, le conseguenze possono essere disastrose, se l'estremità, a causa di un occhiello impiombato, si impiglia in una galloccia.

I cavi di ormeggio, prima di essere fissati alla bitta, devono passare attraverso un passacavo (vedi foto a pag. 18). Far passare delle cime che possono essere sottoposte ad una notevole trazione su spigoli taglienti, in coperta, è un segno di scarse capacità marinare. Le cime di materiale sintetico sono effettivamente indistruttibili, tuttavia la loro resistenza alla trazione viene ridotta notevolmente dall'usura. Per questo i passacavi a bocca di rancio dovrebbero sempre essere arrotondati sulla superficie interna. Se le cime vanno direttamente dalla galloccia alla bitta, senza passare attraverso un passacavo, occorre considerare la possibilità che il livello dell'acqua, oppure la posizione della barca, possa modificarsi.

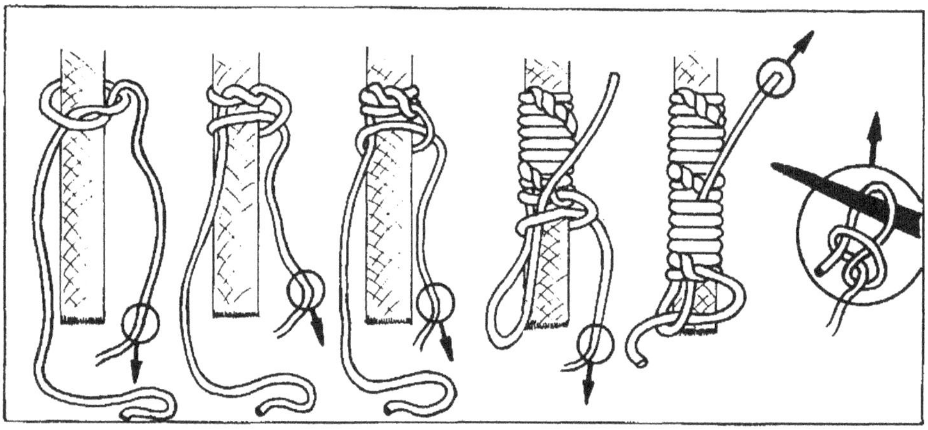

Fig. 13. Una fasciatura impiombata non richiede l'occorrente per il cucito; regge alle sollecitazioni piú elevate; ciò che è importante è stringere bene, dopo ogni giro, con l'aiuto di una caviglia (a destra).

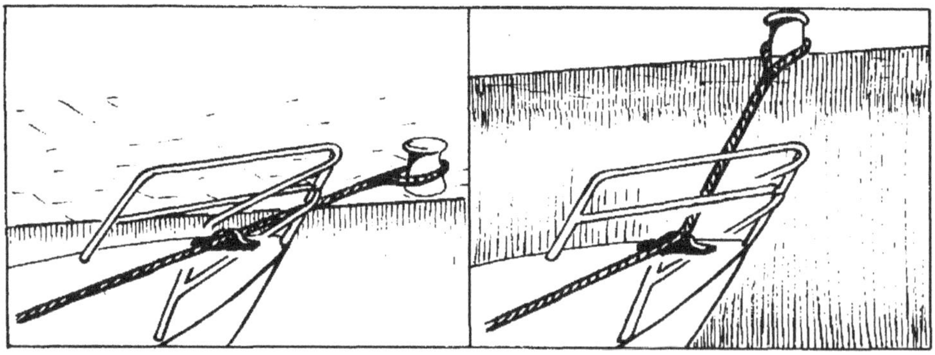

Fig. 14. Davanti ad una galloccia è necessario un passacavo, specie nelle zone di forte dislivello di marea, altrimenti il cavo di ormeggio sfrega sull'impavesata e sul pulpito, che non sono stati costruiti per reggere tali sollecitazioni (v. anche fig. seg.).

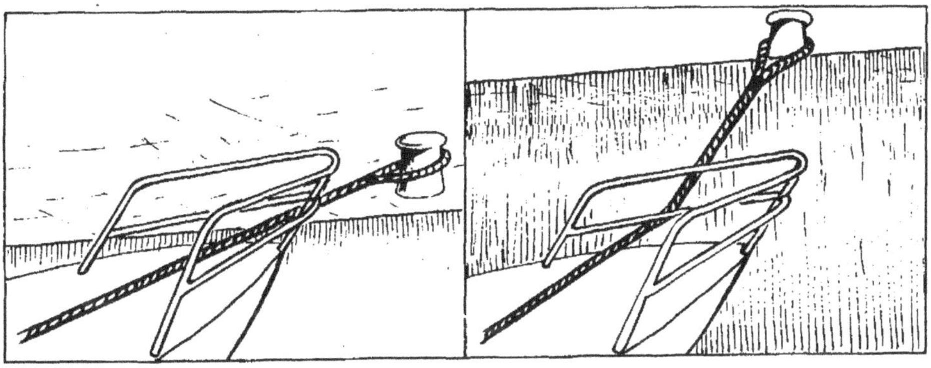

A bordo di una barca di piú di 12 metri ci dovrebbe essere una sagola da getto. Si tratta di una cima flessibile, da 6 o 8 mm, sulla quale un'estremità è appesantita da un nodo di testa oppure da un piccolo sacchetto di sabbia. Quest'ultimo è piú efficace, in quanto un nodo di testa, in particolare nel caso di cime di plastica sottili, è spesso troppo leggero. Poiché non è possibile lanciare queste cime oltre i 20 metri, è sufficiente una lunghezza di 25-30 metri. Dev'essere sempre a portata di mano, in coperta, e serve in primo luogo a creare un contatto a grande distanza. I cavi di ormeggio di piú di 20 mm di diametro possono essere lanciati solo con molta difficoltà. Per questo si passa prima la sagola da getto, la cui altra estremità viene collegata al cavo di ormeggio per mezzo di un nodo bandiera.

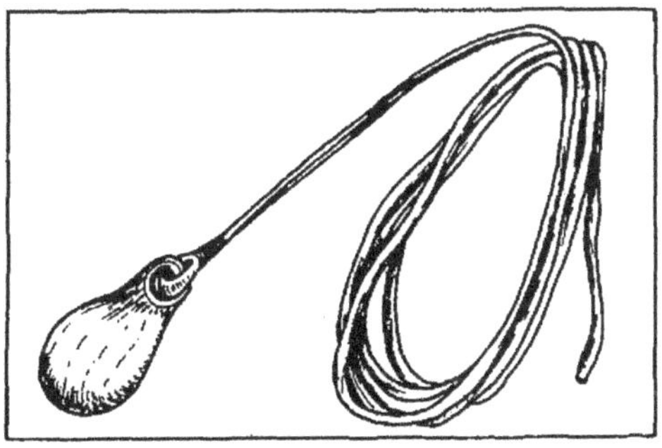

Fig. 15. Sagola da getto - Un piccolo sacchetto di sabbia è meglio del nodo di testa, spesso troppo leggero.

Una sagola da getto può essere utilizzata in ogni situazione, sia per recuperare il battellino, sia per calare un gavitello, ecc. Per questo trova una grande varietà di impieghi anche su barche piú piccole.

Parabordi

Anche di parabordi non se ne hanno mai abbastanza. In nessun caso sono sufficienti i quattro esemplari, che vengono solitamente forniti dal cantiere. Si pensi solo al caso in cui una barca è ormeggiata lungo una banchina e una seconda voglia ormeggiarsi a coppia, senza però avere parabordi. Per questo ogni barca dovrebbe avere a bordo almeno sei parabordi. Si diffondono sempre piú i parabordi gonfiabili, che hanno il vantaggio, in caso di sfregamento contro la banchina o contro il fianco di un'altra barca, di rotolare avanti e indietro - cosa assolutamente desiderabile. Se si vuole evitare che questo avvenga, si possono anche mettere in orizzontale, in modo che proteggano una grande superficie della fiancata. I parabordi a cuscino hanno il vantaggio - come suggerisce il nome - di poter essere utilizzati, come appoggio, in pozzetto. Costituiti da una spuma elastica e rivestiti da un tessuto di cotone grezzo, la loro vita è quasi illimitata, anche in caso di notevoli sollecitazioni. Se però vengono a contatto con olio o catrame, ad esempio in un porto commerciale, non è piú possibile utilizzarli come cuscini.

Fig. 16. Una tavola parabordo è utilizzabile universalmente.

I parabordi dovrebbero essere i piú grandi possibile. Un limite è dato dalla possibilità di stivarli. Sulle barche piú grandi si possono appendere a speciali supporti in coperta, anche se al tempo stesso devono essere assicurati alla loro cimetta.

Chi non naviga solamente nelle acque di casa, bensí intraprende anche navigazioni piú lunghe, in acque sconosciute, dovrebbe portare anche una tavola parabordo. Si tratta di una semplice tavola di 1,5 metri che collega due o piú parabordi, appesi lungo la fiancata, oppure che fa da ponte nello spazio tra due di questi. Si utilizza la tavola su colonne d'alaggio, su pali e nelle chiuse. Un semplice parabordo, collocato tra il pilone e la fiancata, scivolerebbe alla prima onda o all'innalzarsi del livello dell'acqua.

Una tavola come questa può essere utilizzata altrimenti, in molti modi, a bordo, sia come sostituto di una costosa passerella, sia - messa di traverso in pozzetto - come tavolo.

Materiale d'ancoraggio

Sul materiale d'ancoraggio sono stati già scritti libri interi, quindi in questa sede menzionerò solamente le cose piú importanti. È consigliabile avere a bordo almeno due ancore: al meglio una Danforth e una CQR. L'ancora tedesca, a ceppo, ha il vantaggio di far presa su qualsiasi fondale in modo affidabile, tuttavia per avere la stessa tenuta di una CQR, dev'essere di peso doppio. Quindi risulta estremamente poco pratica, soprattutto nel caso di equipaggi di piccole dimensioni.

Oltre alle due ancore, che devono poter tenere la barca in caso di emergenza anche con tempo cattivo, occorre avere a bordo anche un'ancora da alaggio. La piú adatta è una Danforth leggera, che deve pesare solamente la metà delle altre.

Una delle due ancore dev'essere provvista di catena, l'altra di un cavo. La catena presenta il vantaggio, rispetto al cavo, di poter essere stivata piú facilmente e di non logorarsi, tuttavia, a causa del suo peso, può essere utilizzata solo da barche di stazza superiore ad una tonnellata.

Ancore consigliate e diametro della catena:

Peso della barca (t)	*CQR*	*Danforth*	*Ancora a ceppo*	*Catena*
fino a 1	-	7.5 kg ca.	15 kg ca.	6 mm
fino a 3	-	10 kg ca.	20 kg ca.	8 mm
fino a 5	35 lb	15 kg ca.	20 kg ca.	8 mm
fino a 8	45 lb	15 kg ca.	30 kg ca.	10 mm
fino a 10	60 lb	20 kg ca.	45 kg ca.	10 mm

Su barche di dimensioni maggiori (superiori a dieci tonnellate) un salpa-ancora elettrico rende dei servizi incalcolabili; non tanto perché produce una forza elevata per spedare l'ancora - questo si può ottenere con vari trucchi, anche senza verricello elettrico - bensí perché recupera, molto piú velocemente, l'ancora e la catena, di quanto sia possibile con un verricello manuale e un corrispondente riduttore. Durante il tempo in cui l'ancora, dopo essere stata spedata, pende verticalmente dalla catena, la barca è praticamente impossibilitata a manovrare ed in balia del vento e della corrente.

Fig. 17. Anche un battellino gonfiabile non è l'ideale; ripiegarlo richiede molto tempo e non dovrebbe essere riposto, quando è ancora bagnato.

Battellino

Il battellino non serve solamente per sbarcare a terra, ma anche per portare un'ancora da alaggio oppure – ed è ancora piú importante – per portare a terra una persona, che riceva la cima nel caso di una manovra di ormeggio delicata. Un gommoncino ha il vantaggio di richiedere poco spazio nella stiva. D'altra parte spesso non è pronto all'uso, quando è necessario. Per un battellino rigido la barca dev'essere lunga almeno nove metri, poiché il battellino andrà sistemato in coperta. È segno di scarsa abilità marinara rimorchiarlo in mare: prima o poi un'onda lo sommergerà e la cimetta, che lo assicura, verrà strappata o cederà.

Fig. 18. Il banana-boot *può essere stivato facilmente lungo la battagliola (a); in pochi minuti è montato (b/c) e pesa solamente 22 kg (d).*

La soluzione ideale del vecchio problema del battellino è rappresentata, a mio avviso, dal battellino « a banana » *(banana-boot)*, che non sarà particolarmente bello, ma è sicuramente molto pratico. Ripiegato può essere trasportato, come una tavola da surf, lungo la battagliola; si monta in tre o quattro minuti.

Strumenti

Una barca, con timone a ruota, deve essere provvista di indicatore della posizione del timone. Infatti, se il timoniere non ha la possibilità di controllare in quale posizione si trova il timone, non è in grado di condurre una manovra a motore pulita. Si renderebbe conto della posizione del timone solamente quando la barca gira, in una determinata direzione, e a quel punto può essere già troppo tardi. Alcune barche hanno una ruota del timone e una barra. In questo caso l'indicatore della posizione del timone è superfluo, in quanto la sua funzione è esercitata dalla barra.

Un solcometro elettronico sensibile è un grande aiuto. Dovrebbe essere divaricabile, e quindi dovrebbe essere in grado di indicare chiaramente anche velocità ridotte. Uno spidometro meccanico è troppo lento, per indicare, in modo affidabile, velocità inferiori a due nodi. Spesso è difficile stimare correttamente la velocità. Se però il timoniere osserva uno spidometro sensibile, può stabilire ad esempio se la velocità è ancora sufficiente, perché il timone sia efficace.

L'ecoscandaglio al giorno d'oggi, non è piú un lusso, bensí fa parte dell'attrezzatura di base di una barca da crociera. Ad esempio nelle manovre di ancoraggio è possibile, con il suo aiuto, determinare la giusta lunghezza di catena. Lo scandaglio a mano tradizionale è di facile impiego e sufficientemente preciso; per le manovre in porto, tuttavia, il suo utilizzo richiede una persona dell'equipaggio, già di per sé ridotto. Inoltre, per grandi profondità, è poco pratico. Dal momento che la strumentazione elettronica può guastarsi, ogni barca dovrebbe essere provvista di una vecchia, cara, sonda a mano, di riserva.

Mezzo marinaio

Dell'attrezzatura fondamentale di una barca da crociera fa parte almeno un mezzo marinaio. Le estremità taglienti del gancio dovrebbero essere arrotondate e non affilate. Dovrebbe essere lungo almeno due metri. Lo si tiene, a portata di mano, lungo la coperta oppure, meglio, fissato a una paratia.

Capitolo III
IL GERGO: IL «LUNGO BRACCIO» DELLO SKIPPER

Il presupposto, per la riuscita di ogni manovra, è una buona intesa con l'equipaggio. Mi sia consentito il paragone con l'automobile. Nell'auto il guidatore utilizza una serie di comandi, con cui la controlla. Per questo non gli occorre l'aiuto dei passeggeri, poiché ha tutti i comandi necessari a portata di mano e questi possono essere utilizzati solo da lui.

Nel caso di una barca a vela, tutto è differente. Qui le manovre sono sparse per tutta la lunghezza della barca ed è impossibile, per lo skipper, ammainare il fiocco e mettere contemporaneamente la barra a sinistra. Ha due possibilità: concepire la manovra in modo che le azioni si susseguano, cosa assolutamente realizzabile in molte manovre, oppure sfrutta il vantaggio di avere un equipaggio che si occupa di queste azioni. Nonostante questo, tuttavia, la manovra resta sempre dello skipper e l'ammainata deve svolgersi esattamente, come egli l'aveva concepita. Se uno dei membri dell'equipaggio intervenisse nella manovra dello skipper, equivarrebbe all'intervento di uno dei passeggeri dell'auto, che schiacciasse il pedale del freno oppure del gas.

Affinché la manovra si possa svolgere come previsto, cosa essenziale per la sua riuscita, lo skipper deve potersi fidare che la vela, la barra, l'ancora ecc. vengono manovrati esattamente, nel modo e al momento da lui previsto. Non è pensabile che cosa può succedere, se per esempio una manovra è stata concepita in modo che la barca orzi appena prima della banchina per poter ammainare la randa e questa non scende. È necessaria una chiara intesa tra lo skipper e l'equipaggio, perché tutto possa svolgersi senza inconvenienti.

Nei nostri piccoli porti si può assistere a due situazioni estreme: una barca arriva nel porto con una serie di figure, che si muovono casualmente, in coperta. Lo skipper urla, con parole minacciose, le sue istruzioni... e alla fine sbaglia la manovra per la gioia dei maligni « capitani » a terra. L'altro estremo è rappresentato da una barca con equipaggio ridotto, spesso una coppia, che arriva all'ormeggio senza problemi, senza che si sia sentita una parola ad alta voce. Nel secondo caso è all'opera una squadra allenata, che per capirsi non richiede ordini vigorosi e a voce alta, bensí che si capisce al volo. Nel primo caso tutte le urla non servono a niente; l'equipaggio non capisce che cosa vuole lo skipper.

Non capita molto spesso che un equipaggio si intenda, senza parlare. Il presupposto di questo è l'affiatamento, sviluppato nel corso degli anni. In circostanze normali, un linguaggio comune è il mezzo per una comprensione senza frizioni. E in questo caso non si possono evitare gli ormai provati ordini marinareschi. Ovviamente è possibile che lo skipper e la sua famiglia sviluppino un proprio gergo. Tuttavia a parte il fatto che, anche in questo caso, si possono creare facilmente dei fraintendimenti, questo sistema funziona, solamente fin tanto che l'equipaggio naviga insieme. Se lo skipper ha ospiti a bordo, che vuole coinvolgere nelle manovre, viene a mancare la comprensione. Chiunque capirà, che cosa intende, quando grida: « Su con il fiocco! ». Tuttavia gli equivoci possono nascere nel caso di altri ordini. Cosí una volta ho assistito a questa scena, quando ad un ospite fu ordinato: « Cima di poppa libera! » ed egli immediatamente, con sgomento dello skipper, gettò la cima in acqua. La barca continuò ad avanzare e subí danni al pulpito di prua. Quello che lo skipper voleva dire era, in realtà, qualcosa di molto diverso e cioè: « Filate la cima di poppa ».

Una volta che ci si è abituati al linguaggio corretto, si scopre con grande soddisfazione che, anche un grosso yacht, può essere manovrato, sotto controllo, con poche parole. La barca, per cosí dire, ubbidisce allo skipper sulla parola.

La comprensione, tra lo skipper e l'equipaggio, avviene, ancor oggi, come una volta, tramite i comandi, gli ordini di manovra e le conferme.

I *comandi* sono ordini, il cui significato è stabilito. Esempio: *Ammainate il fiocco*

Gli *ordini di manovra* sono istruzioni che lo skipper impartisce nel linguaggio marinaresco, quando, per una determinata circostanza, non esistono ordini. Gli ordini di manovra dovrebbero essere impartiti nel modo piú chiaro possibile. Se vi sono domande, significa che le istruzioni non erano sufficientemente chiare, oppure l'equipaggio non ha una comprensione sufficiente del linguaggio marinaresco. Esempio: *Preparare il battellino e portare l'ancora verso la colonna di alaggio!*

Le conferme. Vengono impartite, in modo che, da un lato risulta chiaro che il membro dell'equipaggio ha capito l'ordine, e d'altra parte che lo skipper è al corrente della situazione esatta in cui si trova la barca. Le conferme vengono impartite solamente quando sono necessarie. Se lo skipper ha ordinato: *Ammainate la randa*, l'ordine dev'essere eseguito *immediatamente.* Lo skipper si rende conto allora, se la persona incaricata esegue l'ordine. Se pochi secondi dopo, la randa si trova ripiegata sul boma, una conferma non è necessaria. Un po' diverso è, ad esempio, quando lo skipper ordina: *Tutto il timone a dritta.* Se non si trova immediatamente vicino al timoniere, oppure se non c'è un indicatore della posizione del timone, lo skipper si può rendere conto solamente dalla reazione della barca, che solitamente si ha dopo un certo tempo, se il suo ordine è stato eseguito. Se aspetta la reazione della barca e se questa non c'è, avrà perso secondi preziosi, e una ripetizione dell'ordine potrebbe arrivare in ritardo. Quindi tutto dipende, in primo luogo, dalle dimensioni della barca e dalla posizione in cui si trova lo skipper. Se egli si trova a prua ed osserva l'ancora, allora tutti gli ordini devono essere ripetuti al timoniere. Al contrario lo skipper, dalla sua posizione dietro al timoniere (questo è solitamente il posto giusto per lui), non può osservare quanta catena è già stata data, dei 30 m previsti, oppure se l'ancora è a picco.

Un equipaggio, ambizioso e di buon livello, ambisce ad eseguire gli ordini il *piú velocemente possibile* - per non dire: come un lampo. Su di una buona barca non si desidera nessun altro atteggiamento. Questo non significa, peraltro, che a bordo non ci sia spazio per discussioni democratiche, ad esempio nel pianificare il viaggio, per il menu, ecc. non però per le manovre; in questo caso, le discussioni sono come la sabbia negli ingranaggi. È all'*inizio* del giro d'onore - non dopo la prima manovra fallita - che va affrontato questo problema con l'equipaggio. Poi lo skipper può condurre le sue manovre con calma, senza essere disturbato e distratto da suggerimenti alternativi. Per le stesse ragioni è un peccato mortale, se un membro dell'equipaggio segue le indicazioni di uno spettatore sulla banchina, e in tal modo rompe le uova nel paniere allo skipper.

Prendete nota: Il miglior capitano è sempre a terra - e lí dovrebbe anche restare!

Il volume degli ordini e delle conferme dipende dalla facilità con cui l'equipaggio li capisce. Negli anni passati si è sparlato molto, nei giornali specializzati, del fatto che spesso gli skipper delle barche a vela si fanno notare, in modo spiacevole, nei porti per le loro urla. In alcuni casi queste critiche sono sicuramente giustificate. D'altra parte non si può tralasciare il fatto che spesso il motore è in funzione - pressoché inudibile, per chi osserva la scena a distanza - e che quindi il volume dev'essere elevato, se gli ordini dello skipper devono essere capiti *al volo*.

Ecco allora alcuni elementi dell'attrezzatura, con i rispettivi ordini:

Timone

Innanzi tutto l'ordine piú importante, che viene frainteso costantemente, è:

Timone a dritta. Significa, che la barca deve girare a dritta (quindi verso destra). Se il timoniere dà ordine di mettere il *Timone a sinistra* la barra, oppure la ruota, viene messa in modo che la pala del timone formi, con l'asse longitudinale della barca, un angolo di circa 15° e la barca giri a sinistra.

Timone tutto a dritta. In questo caso la barra, oppure la ruota, vengono messe in modo che la barca descriva una curva, il piú stretta possibile, a destra.

In tutti questi ordini occorre sottolineare che la pala del timone punta *sempre* nella direzione opposta (esempio nel caso di *Timone tutto a sinistra*), indipendentemente dal fatto che la barca faccia rotta in avanti, oppure indietro.

Rotta 320°

Rotta con la barca bianca in prua. Se il timoniere deve prendere e tenere una rotta precisa, si può basare sull'indicazione della bussola oppure affidarsi ad un oggetto a terra.

Se lo skipper non si trova dietro al timoniere, non può stabilire con i suoi occhi se il timoniere segue le sue istruzioni o meno, quindi conviene la conferma:

Mantenere rotta 320°

Mantenere rotta con la barca bianca in prua

Girare a dritta, cosí va bene. Questo ordine si utilizza quando il timoniere deve virare a dritta (o a sinistra).

Cosí va bene indica che la rotta seguita è corretta e che dev'essere mantenuta.

Orzare, poggiare, cosí va bene. Su questi ordini il timoniere modifica la rotta, stringendo maggiormente il vento, fino a quando lo skipper con

Cosí va bene gli fa capire che ha raggiunto la rotta desiderata.

Di bolina. Questo ordine rende l'istruzione

Cosí va bene superflua, in quanto il timoniere può stringere il vento solamente controllando la vela di prua. Se la relinga inizia a fileggiare o a rifiutare, un buon timoniere poggia automaticamente, per poi lentamente riavvicinarsi a questa zona limite (prima che la relinga inizi a fileggiare).

Vento al traverso. In questo caso il timoniere può far portare, maggiormente che di bolina.

Vento al largo. A quest'andatura il vento arriva piú a poppa della rotta perpendicolare al traverso. Se lo skipper desidera poggiare oltre dà l'ordine

In poppa, in fil di ruota. Si dovrebbe navigare a questa andatura per lunghi tratti, solamente con una ritenuta del boma. Nelle manovre in porto spesso il tratto da percorrere con il vento in poppa è troppo breve, per poter armare una ritenuta, perciò il timoniere, quando si trova a questa andatura, senza altre indicazioni dello skipper, deve osservare attentamente la direzione del vento, per evitare una strambata involontaria.

Prua al vento. Questo è uno degli ordini piú importanti, nelle manovre di accosto e di partenza a vela. Viene effettuato correttamente solo quando il timoniere è in grado di riportare la barca sulle vecchie mure. Da questo dipende spesso la riuscita della manovra. Un po' diversa è la situazione nel caso dell'ordine

Mantenere la prua al vento. In questo caso il timoniere risale il letto del vento, lasciando che la barca perda progressivamente l'abbrivio.

Motore

Avanti molto piano

A tutta forza

Avanti a 2400 giri. Il timoniere controlla il motore. Lo skipper può esprimere nei suoi ordini la posizione della leva del gas con il numero dei giri, se il timoniere conosce il motore. Le incomprensioni vanno assolutamente evitate. Sono consigliabili le conferme. Il timoniere deve tenere conto, automaticamente, di certe cose ovvie: se mentre è

Avanti piano riceve l'ordine

Indietro mezza non deve invertire semplicemente la leva del gas, mettendo in tal modo a repentaglio l'elica e il motore, bensí mette prima in folle, osserva il contagiri, fino a quando raggiunge il minimo, e mette poi la leva del cambio su « retromarcia ».

Fiocco

Soltanto la regolazione e la scelta della vela piú adatta, danno la dimostrazione che un equipaggio e il suo skipper sono in grado di manovrare una barca a vela. Il presupposto è che lo skipper può fare affidamento sul fatto che ad esempio, ad un suo ordine, il fiocco viene issato, oppure ammainato, in pochi secondi. Questa possibilità si realizza solamente se il fiocco è pronto. Perciò l'ordine preciso dev'essere

Pronti a issare il fiocco

Il fiocco è pronto per essere issato. La conferma deve avvenire solo quando

1. Il fiocco è ingarrocciato;
2. La drizza è attaccata;
3. Un uomo è pronto al winch della drizza.

In questo caso, per un buon equipaggio, si impone che la drizza non penda e ondeggi, in modo disordinato, e che il fiocco non sia ammucchiato a prua, ma la drizza sia assicurata da un nastro, che può essere sciolto velocemente e che, con vento forte, anche il fiocco sia assicurato alla battagliola.

Issare il fiocco. Adesso lo skipper è sicuro che, in pochi secondi, il fiocco sarà in alto e che potrà manovrare.

Pronti ad ammainare il fiocco

Il fiocco è pronto per essere ammainato. Dopo quest'ordine la conferma può arrivare, se un uomo è pronto al winch a mollare la drizza. Ovviamente è necessario che la drizza sia già pronta, dugliata sul ponte.

Ammainare il fiocco. A questo punto l'uomo alla drizza, senza tenere conto da che parte proviene il vento, e dell'eventualità che il fiocco possa finire in acqua, molla *immediatamente* la drizza.

Fiocco a collo sulla dritta. Se ad esempio occorre aiutare la barca a virare, non è necessario l'ordine « Pronti a scontrare il fiocco! », perché normalmente la scotta del fiocco è già bloccata.

Randa

Pronti ad ammainare la randa. Questo comando viene impartito, se il vento proviene sufficientemente da prua, per sventare la randa, oppure di bolina stretta, dopo aver lascato precedentemente la scotta. Nel secondo caso, lo skipper deve assicurarsi che una persona sia pronta a filare la scotta della randa. Spesso però potrà compiere lui stesso questa operazione. Adesso può seguire la conferma.

La randa è pronta per essere ammainata. Prima di mollare la drizza della randa, occorre assolutamente mettere in tensione l'amantiglio. Questa operazione, tuttavia, non fa parte della preparazione all'ammainare della randa, in quanto una randa, con l'amantiglio in tensione, perde molto della efficacia posseduta, necessaria per fornire la potenza per manovrare.

Ammainare la randa. Tendere l'amantiglio - mollare la drizza.

Pronti ad issare la randa. Bisogna agganciare la drizza e togliere quasi tutti gli elastici, tranne due o tre.

Pronti a scontrare la randa a dritta. A quest'ordine si arma una ritenuta, che va dall'estremità del boma, passando all'esterno delle sartie e della battagliola a dritta, il piú avanti possibile verso prua.

Cazzare la scotta della randa. La scotta viene cazzata, quanto basta in relazione alla posizione della vela.

Cazzare la scotta della randa a ferro. Quest'ordine non viene dato nelle andature di bolina, bensí solo quando, per altri motivi, occorre portare la vela a centro barca (ad esempio per legare un matafione).

Lascare la scotta della randa significa che, in accordo con l'andatura, la scotta, dev'essere allentata perché la vela possa essere il piú efficace possibile.

Ancorare

Pronti per ancorare significa, sia che la catena è agganciata all'ancora, sia che la cima dell'ancora è stata portata a prua. Se l'ancora è assicurata in coperta, questo è il momento di scioglierla. La catena viene agganciata, in modo che l'ancora possa essere messa in acqua, nel modo piú comodo possibile. In una barca di piccole dimensioni, in cui l'ancora viene solitamente gettata sopra la battagliola, si fa passare la cima, oppure la catena, attraverso il pulpito e sopra la battagliola, in modo che l'ordine di

Mollare l'ancora possa essere eseguito immediatamente, per quanto possibile. All'ordine

Prepararsi ad ancorare ogni membro dell'equipaggio prende

il posto designato, ad esempio quindi alla drizza del fiocco, a quella della randa e al ripetitore dell'ecoscandaglio. Anche in questo caso, come nel caso di un equipaggio di dimensioni ridotte, i vari compiti devono essere eseguiti *in sequenza.*

Pronti ad ancorare. Quest'ordine viene dato appena prima di dare fondo. L'equipaggio dev'essere pronto *in ogni momento* a mollare l'ancora. Nel caso di ancore molto pesanti, l'ancora è già pronta, appesa ad un corta catena, sopra la bocca di rancio. In nessun caso deve ondeggiare in acqua, in quanto urterebbe la prua e potrebbe causare danni.

Se il mare non è calmo come uno specchio, l'uomo all'ancora farà attenzione con il mezzo marinaio, che l'ancora, appesa, non inizi ad ondeggiare. Solamente quando viene sbloccato il verricello, oppure rimangono solo un paio di volte di sicurezza alla galloccia della cima dell'ancora, dalla prua si può dare la conferma

Ancora pronta: *mollare l'ancora.* Nell'eseguire questo ordine - cosí come per tutte le manovre di ancoraggio - occorre fornire conferme particolarmente precise in quanto il timoniere, oppure lo skipper, a poppa non può vedere l'ancora, e generalmente non sa quanta catena è stata data, oppure se l'ancora ha preso, fatto che l'uomo all'ancora può riconoscere dallo strappo della catena. In particolare lo scorrere della catena dovrebbe essere « cantato » verso poppa: « *5 metri, 10 metri, ...* » (questo presuppone ovviamente una marcatura della catena).

Dare 30 m
Dare volta alla catena

Cime e parabordi

Preparare le cime e i parabordi a dritta. Quest'ordine dev'essere impartito con il massimo anticipo, in modo che l'equipaggio abbia il tempo sufficiente per preparare i parabordi sul lato di dritta. Nel caso di un equipaggio abbastanza numeroso, un uomo tiene un parabordo in mano che, a seconda delle necessità, protegge le parti in pericolo - spesso a prua nelle manovre di accosto. Occorre inculcare nell'equipaggio - soprattutto sulle barche di grandi dimensioni - la nozione che un parabordo è molto piú efficace delle mani e dei piedi, per tenere discosta la barca dalla banchina (cosa che comunque lo skipper dovrebbe assolutamente vietare sulle barche di piú di 15 tonnellate).

Fig. 19. In questo modo l'ancora è pronta (a); la cima deve passare dall'ancora, sopra la battagliola, per tornare in coperta, in modo che l'ancora, all'ordine dello skipper, possa essere mollata sopra la battagliola, cosa che risulta molto piú veloce, che non farla passare faticosamente al di sotto (b).

Solitamente i parabordi non vengono distribuiti in modo regolare, da prua verso poppa lungo la fiancata, la maggior parte viene invece collocata a metà barca, quindi nel punto in cui la barca è piú larga, e nelle manovre di accosto usuali, a poppa. Di solito questo compito viene affidato agli ospiti di bordo. Non è sufficiente mostrare loro il nodo parlato ganciato, e pensare che siano sufficientemente competenti per un tale compito, lo skipper deve verificare direttamente che il parabordo venga collocato nel punto e all'altezza giusta. L'altezza dipende dalle caratteristiche della banchina e dal bordo libero.

Sia che la manovra venga eseguita a motore oppure a vela, la sua riuscita dipende in gran parte dal fatto che le cime siano state ben preparate. Una cima da lancio dev'essere sempre pronta; se questa manca, conviene sempre preparare sulla battagliola una semplice cima di 8 mm di diametro, ben colta (quindi senza « otto »).

Se sulla banchina ci sono delle bitte, occorre preparare all'estremità delle cime delle grandi gasse. Quasi sempre la riuscita di una manovra dipende dal fatto che venga stabilito, quanto prima, un legame con la terra tramite una cima. A questo si può rinunciare solo con una assoluta calma di vento, quando non c'è risacca nel porto e anche nessuna corrente, in modo che la barca possa essere mantenuta ferma in posizione, solamente con l'ausilio del motore. Nella pratica, tuttavia, in queste condizioni si verificano di rado. Per portare una cima a terra esistono tre possibilità:

1. Un passante sulla banchina riceve la cima, oppure

2. Un membro dell'equipaggio viene deposto per mezzo del battellino, oppure passando con la barca molto vicino alla banchina, oppure

3. Un membro dell'equipaggio salta a terra e riceve *immediatamente* dopo la cima.

Proprio nel primo caso si dimostra il valore inestimabile di una gassa d'amante all'estremità della « cima d'arresto ».

Dopo che lo skipper si è convinto che lo spettatore sulla banchina è realmente disposto a dare una mano (cosa vera nella maggior parte dei casi), gli si chiede *prima* nel linguaggio comune, a meno che si tratti evidentemente di un velista, di collocare

Fig. 20. Nodo parlato ganciato.

Fig. 21. Conviene sempre avere un parabordo « di rispetto » che un ospite potrà frapporre in caso di emergenza.

1

2

Fig. 22. La gassa d'amante doppia può essere imparata da chiunque, in pochi minuti, ed è piú veloce da eseguire del sistema classico. Occorre fare attenzione che il primo occhiello non sia troppo piccolo, rispetto al diametro della cima. Quindi formate un occhiello abbondante e non tirate mai l'estremità, che passa attraverso! L'estremità, che non è tenuta, dev'essere sfilata (come mostrano le foto 5, 6 e 7). In particolare nel caso di cime spesse, c'è il pericolo che l'estremità libera venga a trovarsi proprio nel nodo. Prima di utilizzarla, controllate sempre.

5

3

4

6

7

la gassa d'amante sopra la bitta: « Per favore, getti la corda sopra il paletto ». Una persona inesperta non è in grado di fare nulla, con una cima sprovvista di occhiello; spesso cercherà di fermare, a mano, la barca di varie tonnellate, fino a quando il braccio continuerà ad allungarsi – una scena ben nota – e alla fine sarà costretto a lasciare la presa. La manovra fallisce.

La gassa d'amante dovrebbe essere il nodo universale del velista. Le sue caratteristiche sono ben note. Non si serra – si potrà sempre sfilare dalla bitta – non si scioglie da sola e si lascia disfare, anche dopo essere stata sottoposta ad un notevole carico, senza sforzo eccessivo. Nella prova dei nodi la gassa d'amante doppia è temuta, anche se persino un bambino può imparare in pochi minuti il modo di farla.

Il metodo piú sicuro, anche in condizioni difficili, di compiere una corretta manovra di accosto, consiste, in primo luogo, nel deporre a terra un uomo con il battellino – se non se ne può fare a meno. Non è cosí semplice passare sufficientemente vicino alla banchina, in modo che un membro dell'equipaggio possa saltare a terra. Questo dovrebbe avvenire il piú lentamente possibile, quindi con le scotte lascate. Nonostante tutto la manovra può andare male su di una banchina bagnata dalla pioggia.

Se la manovra di accosto e lo sbarco dell'uomo devono avvenire contemporaneamente, la cosa piú pratica consiste nel disporre il « saltatore » nel punto piú largo della barca, quindi all'altezza delle sartie. È sconsigliabile che l'uomo sbarchi con la gassa della cima di poppa in mano. Per evitare incidenti dovrebbe concentrarsi esclusivamente sul salto sulla banchina.

Passare la cima di poppa rappresenta in tutte le manovre di accosto il momento critico. Quando l'uomo sulla banchina aspetta già la cima di poppa, viene facilmente la tentazione di lanciare la cima troppo presto. Il lancio della cima andrebbe assolutamente praticato all'asciutto. È relativamente facile, se si conosce la tecnica giusta.

Non si deve assolutamente lanciare la cima da una distanza troppo grande. Anche a stimare la distanza si impara a terra. Una volta che la cima finisce in acqua, spesso non c'è tempo per riavvolgerla e per lanciarla una seconda volta. La manovra è fallita e lo skipper ha ancora fortunatamente il motore acceso, cosí che può utilizzare la retromarcia per fermare la barca, oppure ha davanti spazio sufficiente per poter girare e poi ripetere la manovra.

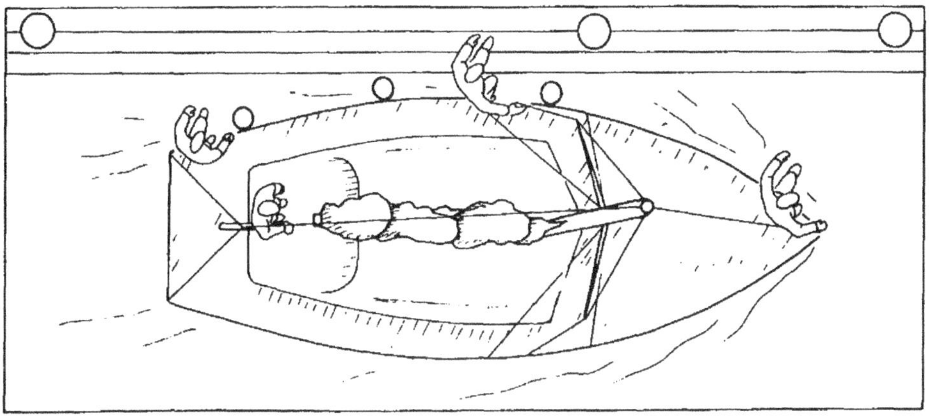

Fig. 23. Il « saltatore » dovrebbe slanciarsi all'altezza delle sartie: buona presa sulle sartie e minore distanza dalla banchina.

1 2

Fig. 24. Occorre esercitarsi nel lancio della cima. Un piede, per sicurezza, è sulla cima, oppure la cima è assicurata alla galloccia (1) con una volta, oppure con un nodo a otto, non bloccata con un mezzo collo, altrimenti ci vuole troppo tempo perché sia pronta, dopo che è stata ricevuta. Non si devono lanciare piú di due o tre giri di cima della stessa grandezza (secondo lo spessore). Solo in questo modo la cima si distenderà in aria (2).

Nel caso di un equipaggio di dimensioni ridotte le cime di ormeggio devono essere preparate sopra la battagliola, con una gassa d'amante all'estremità, in modo che, ad esempio, colui che salta a terra le può ricevere senza fatica.

Nota: le cime vengono sempre regolate in barca!

Fig. 25. Cosí devono essere preparate le cime per la manovra di accosto in banchina, pronte ad essere ricevute.

Cima di poppa assicurata. Nella maggior parte delle manovre di ormeggio occorre occuparsi, nell'ultimo istante determinante, quasi esclusivamente della cima di poppa. L'efficacia del timone è quasi nulla, e occorre solo fermare gradualmente la barca, prima che vada a sbattere contro la banchina. Questa operazione non dev'essere mai compiuta da terra! Al contrario un uomo dev'essere pronto a poppa a questo scopo, per occuparsi della cima di ormeggio. Questo vale anche per i solitari. Se la gassa della cima di poppa è pronta sulla battagliola, all'altezza delle sartie, nel caso di una manovra ben riuscita, lo skipper avrà senz'altro il tempo di:

1. saltare a terra;
2. incappellare le gasse sulle bitte di ormeggio;
3. risalire a bordo;
4. regolare la cima di poppa (vedi anche fig. 79).

Sarebbe sbagliato preparare la cima di poppa in modo che sulla galloccia di poppa ci siano dei mezzi colli, in quanto in questi momenti decisivi è necessaria per arrestare la barca. Questo è possibile solo *se, a seconda del diametro, la cima è assicurata alla galloccia con un mezzo otto oppure con un otto completo.*

Questo si può stabilire con prove successive. La cima dev'essere assicurata alla galloccia, in modo che sia possibile rallentare e fermare la barca con una mano e, se è necessario, si possa filare piú cima. È un peccato mortale lasciar scorrere la cima direttamente dalla mano.

1

2

Fig. 26. Una cima di ormeggio non deve mai scorrere direttamente dalla mano. Nella maggior parte dei casi l'uomo che tiene la cima di prua si accorge che la barca tira troppo solo quando la trazione è diventata eccessiva e non è piú in grado di dare volta sulla galloccia (1). Cosí va bene! (2). La volta sulla galloccia consente di ridurre la trazione e di tenere la cima con una mano e, inoltre, di filare la cima, se necessario. La mano è sufficientemente lontana dalla galloccia per evitare il rischio di incidenti.

Anche con vento forte la barca, dopo essersi arrestata, resta per breve tempo ferma, parallela alla banchina, con la sola cima. Questo tempo è sufficiente per sistemare le altre cime, e cioè nell'ordine:

La cima di prua
Lo spring di prua
Lo spring di poppa

Fino a questo momento siamo partiti dal presupposto che sulla banchina ci siano delle bitte d'ormeggio. Questa è solitamente la regola. Tuttavia può succedere che, per ormeggiare, ci siano solamente degli anelli nel muro. In questo caso occorre tenere conto, nel progettare la manovra, del fatto che sarà necessario molto piú tempo, prima che l'uomo, che sbarca a terra con la cima di poppa, possa fissarla in modo sicuro (nella maggior parte dei casi con un doppio nodo di bitta e due mezzi colli).

Una volta che la barca è ormeggiata con le quattro cime, ci si può occupare della loro regolazione, in modo che la barca sia parallela alla banchina, e che i parabordi siano necessari solamente a metà barca. Il principiante si riconosce dai parabordi sparpagliati lungo tutta la fiancata! Il parabordo a poppa, assolutamente indispensabile per fermare la barca, non è piú necessario. Inoltre occorre verificare se occorre proteggere dagli sfregamenti, ad esempio sul bordo tagliente della banchina, questa o quella cima, con un pezzo di tubo di plastica (che si fissa con una fascetta inox, per evitare che scivoli), con stracci, ecc.

Tendere le cime. Non si dovrebbero tesare a ferro tutte e quattro le cime, contemporaneamente. Questo sottoporrebbe le cime ad una sollecitazione inutile (nel caso di risacca, ecc.). Nel caso di vento da terra può essere difficile tendere questa o quella cima. Non è il caso di cercare di avvicinare la barca alla banchina, tirando la cima a mano – in particolare non contemporaneamente a prua e a poppa –, bensí occorre aiutarsi con il proprio peso:

Regolare le cime può essere necessario in zone di marea, quando una cima ben tesata in precedenza si allenta a causa dell'alta marea.

Le cime devono essere regolate da due persone, contemporaneamente. Non è certo una manifestazione di elevate capacità marinare cercare di lanciare al passaggio una gassa sulla bitta, come un lazo. Qualche volta può riuscire, ed avere un effetto enorme sugli spettatori, però si tratta sempre di un colpo di fortuna. Non bisogna però fare troppo affidamento: le conseguen-

Fig. 27. Un doppio nodo di bitta e due mezzi colli.

ze potrebbero essere una manovra completamente fallita e danni alla barca. Anche per salpare sono necessarie due persone, che si occupano delle cime. È buona marineria aiutare la persona che deve sfilare la gassa dalla bitta, dando imbando alla cima di poppa. Consiglio di dare ordini precisi ai principianti:

Cima di poppa in chiaro
La cima di poppa è in chiaro
Lascare la cima di poppa
Mollare la cima di poppa. Nel caso di un equipaggio affiatato, è sufficiente dare sólo l'ordine *mollare la cima di poppa*. Solo quando la cima è fuori dalla portata visiva dello skipper, è necessaria la conferma:
La cima di poppa è libera

L'ordine:

La cima di poppa è a doppino. Non esiste, in una manovra di ormeggio. Se prima di una manovra di partenza, una cima viene passata a doppino, occorre fare molta attenzione, specialmente

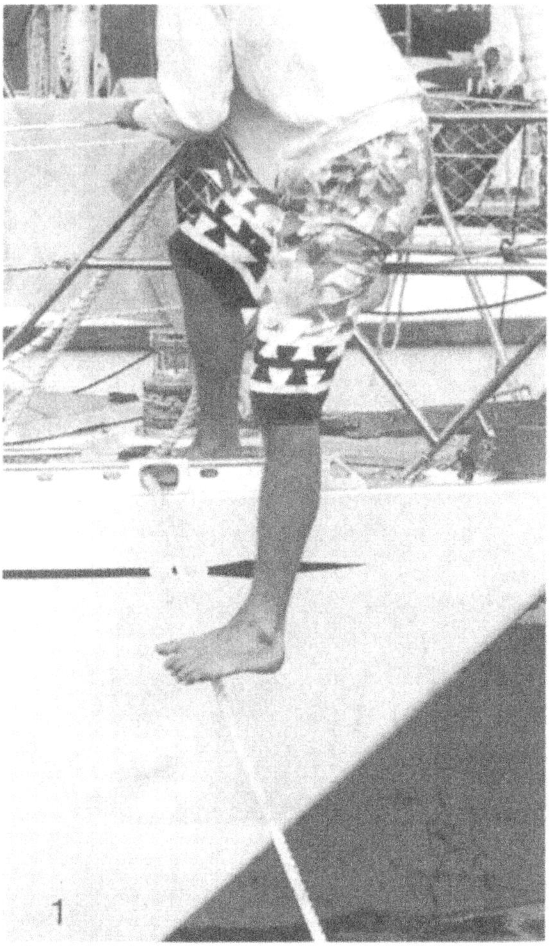

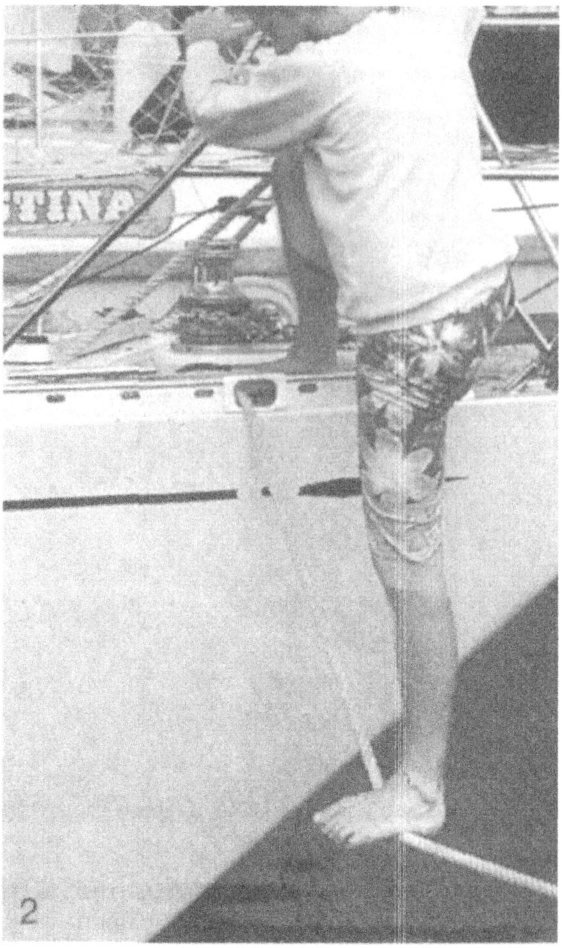

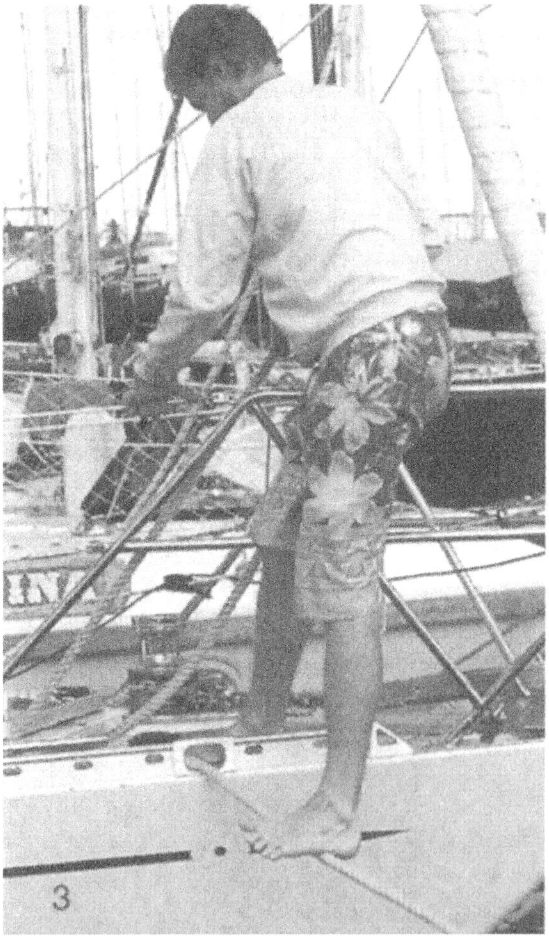

Fig. 28. Un trucco per tesare le cime di ormeggio, utilizzando il peso del corpo. È importante caricare veramente tutto il peso del corpo sulla cima (2). Successivamente, bisogna scaricare, completamente e velocemente, la cima, per poter guadagnare imbando e poterlo recuperare (3). L'operazione risulta piú semplice, se un'altra persona recupera la cima! Nelle zone piú calde ciascuno deve decidere da sé, se è il caso di compiere una manovra di questo tipo a piedi nudi. La sensibilità è migliore, per cui alla fine il rischio di infortuni può forse essere minore che con le scarpe da barca.

Fig. 29. Nelle zone di marea le cime d'ormeggio devono essere sempre controllate e regolate; se il livello dell'acqua si abbassa, vi è il rischio che la barca resti « impiccata » e quando sale si possono verificare spiacevoli graffi.

se all'estremità, che viene recuperata a bordo, c'è una gassa o un occhiello, che possono facilmente restare impigliati in una galloccia o anche in una bitta! Per questo motivo non ho una buona opinione neanche degli occhielli impiombati.

Fig. 30. Una gassa, all'estremità libera della cima a doppino, può restare impigliata, quando la si recupera, e mettere a repentaglio l'intera manovra.

Capitolo IV
LA BARCA ORMEGGIATA

Parallela alla banchina

Una barca, ormeggiata parallela alla banchina, deve essere tenuta da almeno tre cime (barbetta di prua e di poppa, spring), o meglio ancora da quattro (barbetta di prua e di poppa, spring di prua e di poppa). La lunghezza delle cime dipende dalle caratteristiche della banchina - devono essere il piú lunghe possibile. Cosa questa particolarmente importante nelle zone di marea. Se l'escursione della marea non è elevata, come ad esempio nel Mediterraneo, è possibile a volte evitare di regolare le cime.

Fig. 31. Cosí dovrebbe essere ormeggiata una barca lungo la banchina. I parabordi vanno messi solo dove sono necessari.

Solo raramente si trovano, nei porti affollati, bitte libere, sulle quali incappellare le gasse. Nella maggior parte dei casi numerose barche sono ormeggiate alla stessa bitta. È un imperativo di cortesia dare volta alla cima, in modo tale che le barche, le cui cime erano già sulla bitta, possano partire in qualunque momento, senza dover togliere prima tutte le altre.

Nei porti con molta risacca, oppure con un gradino sommerso lungo la banchina, è consigliabile portare un'ancora all'altezza del baglio massimo. La cima dell'ancora andrebbe fissata circa all'altezza del piede d'albero. Se tira a prua, la prua viene allontanata dalla banchina, ma contemporaneamente la poppa

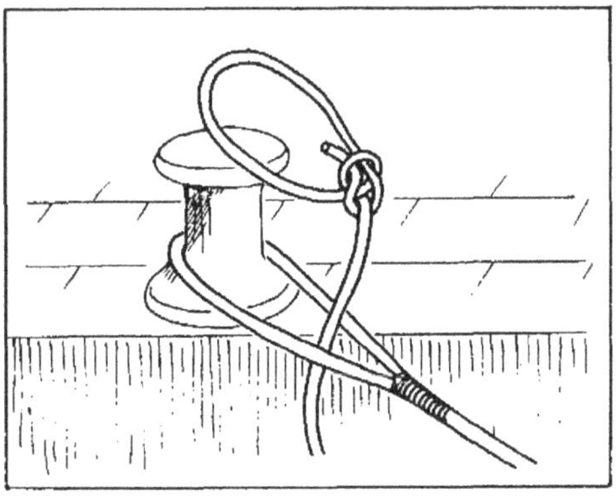

Fig. 32. Cosí, la nostra cima dà meno fastidio.

si avvicina. Se l'ancora di poppa viene portata a metà barca succede l'opposto. Occorre però fare attenzione poiché un'imbarcazione, che transita lungo un natante ormeggiato in banchina, non tiene conto che ci può essere un'ancora immersa a metà barca, e quindi occorre segnalare la presenza della catena o della cima, con un piccolo gavitello.

A coppia

In molti porti la scarsità dei posti costringe al sistema, poco comodo, dell'ormeggio a coppia. La barca piú grossa dovrebbe trovarsi sempre all'interno, quella piú piccola all'esterno. Anche quando ci si trova già a coppia, si dovrebbe far passare la barca piú grande all'interno. Tranne che nel caso di gruppi molto numerosi, è consigliabile che ogni barca porti le barbette di prua e di poppa a terra e non sulla barca vicina, altrimenti le cime di ormeggio della barca piú interna assicurerebbero l'intero gruppo, senza avere la dimensione adatta.

Gli spring, al contrario, possono essere fissati sulla barca vicina. Se si sbarca, e la nostra barca è l'ultima del gruppo, conviene mettere dei parabordi sul lato libero, in modo che, in caso di necessità, un'altra barca possa accostare.

È ovvio che, per scendere a terra, si passa nel punto dove si interferisce meno nella sfera privata delle barche piú interne – e cioè solitamente a prua. È altrettanto evidente che, per lo meno col bel tempo, si passa, sulle altre barche, scalzi.

Le barche, ormeggiate a coppia, devono essere spostate, l'una rispetto all'altra, in modo che, anche con forte risacca, le alberature non si impiglino. Non fatevi ingannare da un porto in stato di calma idilliaca. La situazione può cambiare in pochi secondi, ad esempio, quando la flotta dei pescherecci rientra a tutta forza.

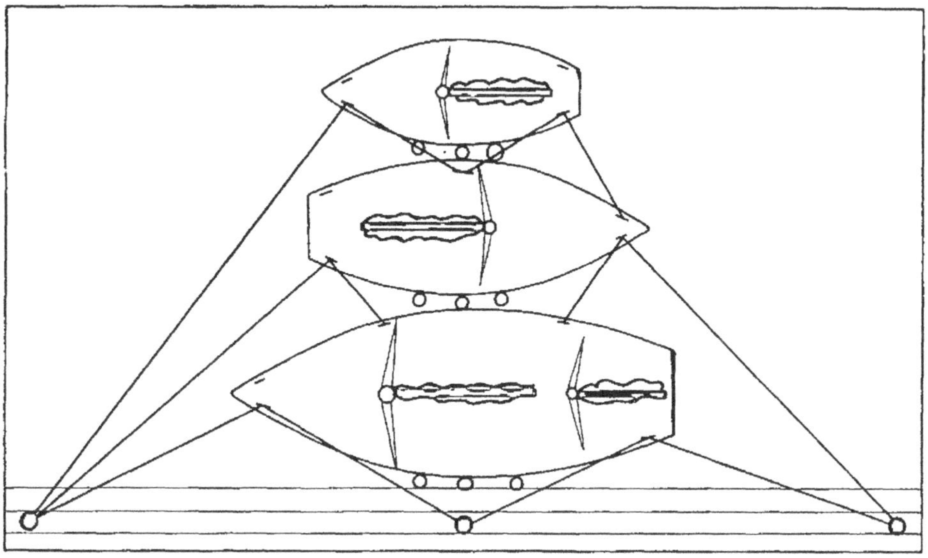

Fig. 33. Nell'ormeggio a coppia, le barche piú piccole devono stare all'esterno. Fate attenzione alle crocette!

Ormeggio « all'italiana »

Come il nome dice già, l'ormeggio « all'italiana » è diffuso nel Mediterraneo. Le barche sono ormeggiate con la poppa in banchina e sono tenute da un'ancora, perpendicolarmente alla banchina. La poppa si trova il piú vicino possibile alla banchina, in modo da poter saltare direttamente a terra, oppure passare su di una passerella o una tavola. Lo scarso spazio, tra la poppa e la banchina, può far sí che, in caso di risacca, la poppa urti la banchina, causando gravi danni, non soltanto allo specchio di poppa, ma anche alla timoneria. Per questo motivo la catena, o eventualmente la cima dell'ancora, deve essere tesata al massimo. Il sistema, per ottenere questo risultato, consiste nel regolare le cime di poppa alla lunghezza desiderata e successivamente tesare il cavo oppure la catena dell'ancora. Su entrambe le fiancate si dispongono i parabordi, per evitare danni allo scafo, quando si affiancano altre barche, oppure quando i vicini salpano.

Entrambe le cime di ormeggio devono formare un angolo massimo di 30° con l'asse longitudinale della barca, altrimenti la sollecitazione delle cime diventa eccessiva. Nel caso di barche di grandi dimensioni, oppure in porti movimentati, occorre disporre due spring di poppa aggiuntivi ed eventualmente dei traversini sulla barca vicina. Alle barche ormeggiate all'esterno del gruppo è consigliabile portare due ulteriori spring di prua sulle barche vicine.

L'errore piú grave, per questo tipo di ormeggio, è di non affondare l'ancora nel fondale, in modo sufficientemente energico. Questo si può ottenere facilmente, tendendo la catena al massimo consentito dal verricello. Lo stesso risultato si ottiene, tendendo il cavo dell'ancora, con l'aiuto di un verricello di alaggio a poppa oppure con un robusto winch del genoa. Infine la catena, oppure il cavo dell'ancora, deve essere allentato di un pezzetto (circa 50 cm), in modo che la barca possa assorbire la risacca del porto, in modo elastico.

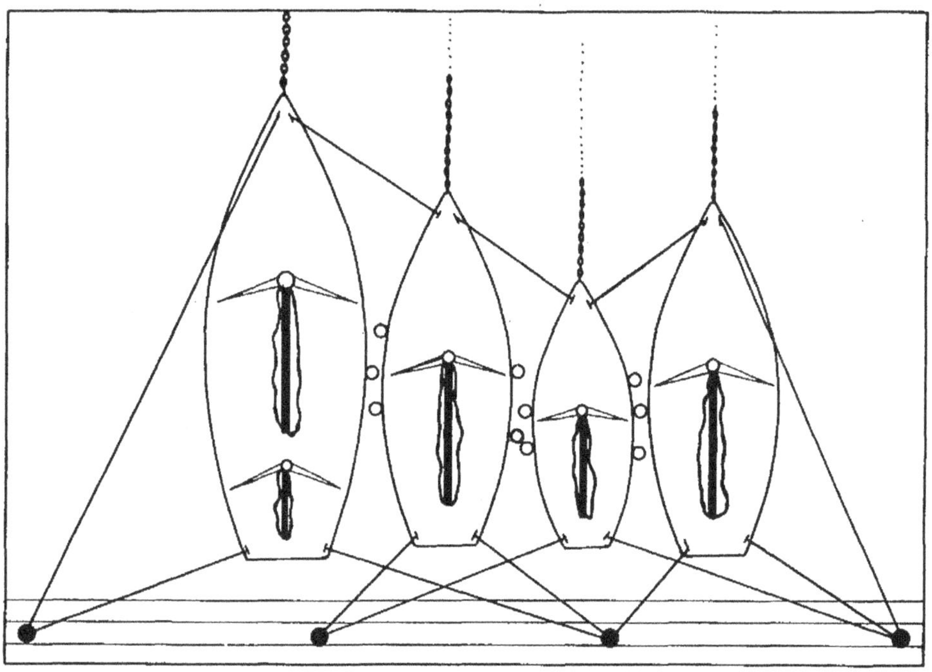

Fig. 34. Ormeggio « all'italiana »; nel caso di risacca oppure di vento da terra, occorre portare dei traversini! La cosa migliore sono le cime di poppa, solo per la seconda e la quarta barca (da sinistra). *Nel caso delle altre barche, l'angolo formato dai traversini è eccessivo.*

Nei paesi scandinavi è consuetudine ormeggiare, non con la poppa, bensí con la prua, in banchina e portare un'ancora di poppa. Questo presenta, da un lato, lo svantaggio che è difficile utilizzare un'ancora con catena, d'altra parte un rischio molto minore, per il sensibile rivestimento dello scafo, poiché la prua solitamente è alta sull'acqua. Tuttavia sbarcare a terra risulta molto piú complicato, per l'altezza del pulpito di prua.

Sia che ci si ormeggi « all'italiana » oppure « con la prua in banchina » - cosí come quando ci si ormeggia a coppia - occorre fare attenzione che le crocette della vostra barca non si impiglino con quelle del vicino.

In molti porti turistici, in particolare del Mediterraneo, è vietato utilizzare la propria ancora e vi sono dei gavitelli, appositamente predisposti. Occorre informarsi, presso il personale della capitaneria, per sapere se il corpo morto è in grado di sopportare il carico. Nel caso di una barca di 7 metri non è il caso di preoccuparsi, in un grande porto turistico. La cosa è un po' diversa, se la barca è di dimensioni decisamente maggiori, della gran parte delle altre barche del porto.

Alare la barca

Spesso si è costretti ad alare la barca con le cime. Sia perché non è possibile salpare a vela, sia per far posto ad un'altra barca. In generale non si accende il motore, per percorrere quel paio di metri; tra l'altro una manovra con le cime, ben fatta, è piú sicura.

Il principio base delle manovre con le cime è: la barca deve rimanere sempre controllabile, al cento per cento. Se ad esempio la barca dev'essere alata sull'altro lato di un canale, con l'ausilio delle cime, per un tratto di 20 metri, occorre stabilire, prima, un contatto sull'altra sponda, con una cima. Questo può essere fatto con una cima da lancio, oppure con il battellino. Sarebbe sbagliato prendere a bordo la cima di poppa e alarsi con la prua. La barca deve essere tenuta, infatti, come abbiamo detto in precedenza, sempre sotto controllo. Per questo motivo una persona deve dare volta alla cima di poppa, che è tenuta a doppino, mentre la persona a prua ala la barca a mano, in assenza di vento, oppure con l'aiuto del verricello dell'ancora, verso l'altra sponda. La lunghezza della cima di poppa, a doppino, dev'essere misurata in modo tale che, anche quando la barca raggiunge l'altro lato del canale, deve essere ancora tenuta a poppa. Se questo non avvenisse, una barca di grandi dimensioni finirebbe per urtare la prua sulla banchina. Solamente quando la barca si trova lungo la banchina, sull'altro lato si può recuperare la cima di poppa.

Con l'aiuto del battellino, è possibile portare, attraverso il porto, cime di qualsiasi lunghezza, e utilizzarle per alare la barca. Quando però non è piú possibile tenere contemporaneamente una cima a poppa, e la barca viene rimorchiata soltanto da una cima, la buona marineria richiede di tenere pronta un'ancora, a poppa della barca senza propulsione, per poterla frenare in caso di necessità. Ovviamente, occorre mettere in conto che l'ancora non faccia presa, al primo colpo. Per questo non si dovrebbe compiere una manovra di ormeggio in questo modo, poiché non si può fare affidamento sull'ancora di poppa. La probabilità, che non faccia presa istantaneamente, è al massimo di dieci a uno. In altre parole: nel dieci per cento dei casi ci sono dei problemi.

Al contrario, è senz'altro possibile alarsi su di un'ancora, portata con il battellino. In Indonesia ho assistito allo spostamento, per miglia, attraverso il porto, di una giunca, con trenta uomini di equipaggio, senza motore, e con l'ausilio di due ancore e due battellini, fino a raggiungere un punto, dove era possibile issare le vele.

Per poter portare un'ancora, occorre che questa sia provvista di un cavo. Portare un'ancora con catena, con un battellino leggero, non è possibile. Già dopo pochi metri il peso della catena, che pende in acqua, trascina indietro il battellino. Quando una volta, nelle isole Figi, un cargo di cinquemila tonnellate si arenò sulla barriera corallina, il capitano, disperato, cercò di portare un'ancora con catena, con l'aiuto di quattro potenti lance a motore. Tuttavia, non ci si deve allontanare dalla nave con l'ancora, per piú di 20 metri.

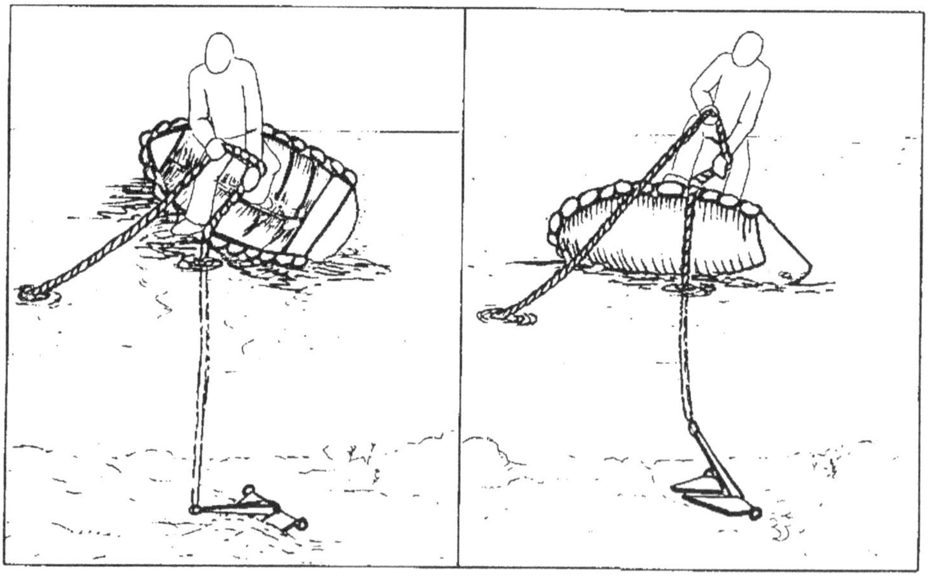

Fig. 35. In questo modo è possibile spedare l'ancora con l'aiuto del battellino.

Se si porta l'ancora con il battellino, la si mette con il cavo ammanigliato a poppa fra le gambe, in modo da poterla gettare fuori bordo, rovesciandola sulle marre. Se gettare l'ancora richiede troppo tempo, può succedere che il cavo, che pende in acqua, trascini indietro il battellino verso la barca, nonostante il suo peso ridotto.

Il battellino, inoltre, si adatta perfettamente a spedare un'ancora con cavo. Ci si ala con il battellino, lungo il cavo, fino a quando ci si trova sopra l'ancora. Ci si porta, poi, su di un lato del battellino, si « assicura » sopra il bordo, temporaneamente, il cavo e ci si sposta sull'altro lato. Il peso del corpo, insieme con l'effetto di leva del battellino, solitamente, sono sufficienti a spedare l'ancora.

Alare la barca lungo la banchina

Alare la barca lungo la banchina è ancora piú semplice, che spostarla con una manovra con le cime in acque libere.

Anche in questo caso vale la regola di tenere sempre sotto controllo la barca. Ciò significa che la cima di poppa dev'essere sempre pronta all'uso, per poter fermare, in caso di necessità, il poco abbrivio. Sarebbe sbagliato cercare di eseguire questa manovra di arresto con la cima di prua, che diventerebbe in tal modo una specie di spring di prua. La conseguenza sarebbe che la prua va a sbattere contro la banchina. È vero che, anche quando si utilizza la cima di poppa, la poppa viene tirata gradualmente verso la banchina, tuttavia è molto piú facile controllarla, con un parabordo opportunamente posizionato sulla poppa. La cima di prua non deve essere nemmeno utilizzata per alare la barca, perché, anche cosí, la prua viene tirata verso la banchina. La cima per alare dev'essere perciò fissata, il piú possibile, all'altezza dell'albero. Tuttavia la si fissa a piede d'albero, *solamente* quando l'albero è passante. Altrimenti, a questo scopo, si possono utilizzare le lande delle sartie principali. Occorre però fare attenzione a non dare volta la cima di alaggio sugli arridatoi. Anche quando sono bloccati con contro dadi, il rischio che si pieghino è estremamente elevato.

Quando si ala una barca, il timone deve essere bloccato. La posizione del timone dipende soltanto dal punto in cui è fissata la cima di alaggio.

Questa manovra richiede almeno tre persone: una al timone, una alla cima di alaggio (in assenza di vento contrario una persona è sufficiente anche su una grossa barca) ed un terzo uomo, che allontana inizialmente la barca dalla banchina, e poi sposta la cima di poppa da una bitta all'altra. In caso di necessità può essere il timoniere da solo, che ferma la barca con la cima di poppa. Se la barca ha piú di tre persone di equipaggio, gli altri possono accompagnare la barca e occuparsi dei parabordi.

Fig. 36. Alare: la cima di traino dev'essere fissata vicino al-l'albero.

Fig. 37. Il vento dev'essere sfruttato in modo tale da aiutare la barca a evoluire.

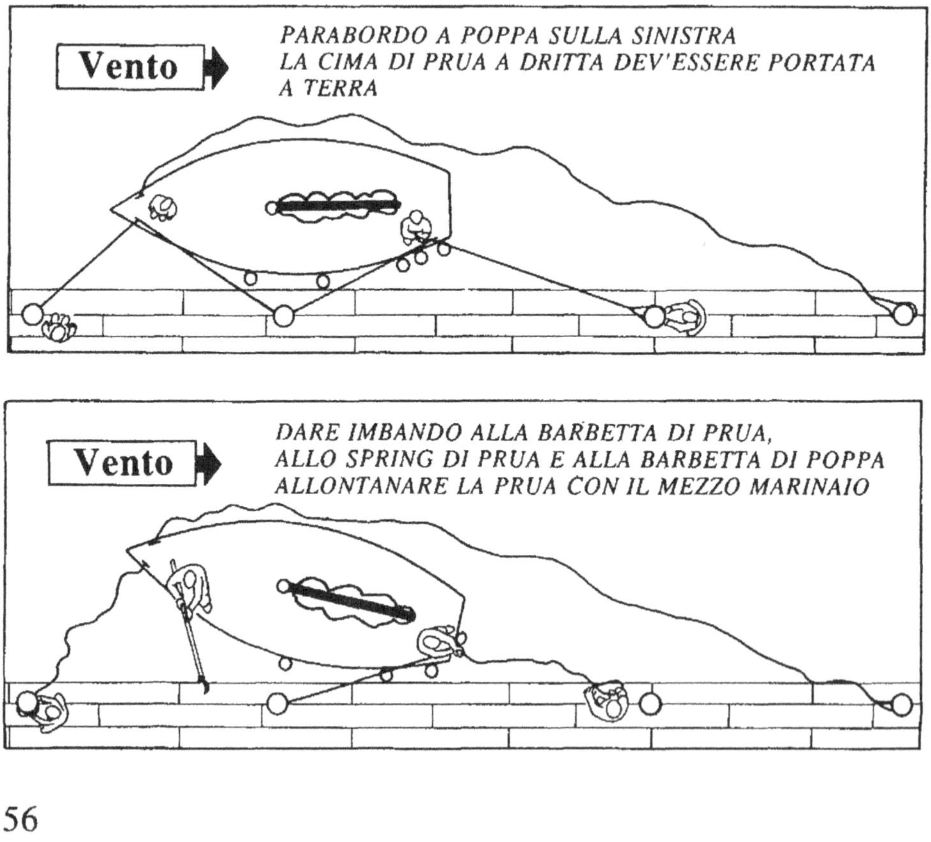

Far ruotare la barca in banchina

Il presupposto, di alcune manovre di partenza a vela, è di aver fatto ruotare, precedentemente, la barca lungo la banchina. Anche in questo caso, vale la regola che la barca non deve mai sfuggire al controllo. Non è necessario che il timone sia assicurato. È molto importante non perdere mai d'occhio la poppa, infatti occorre sia protetta con parabordi, che devono essere spostati, a seconda della situazione.

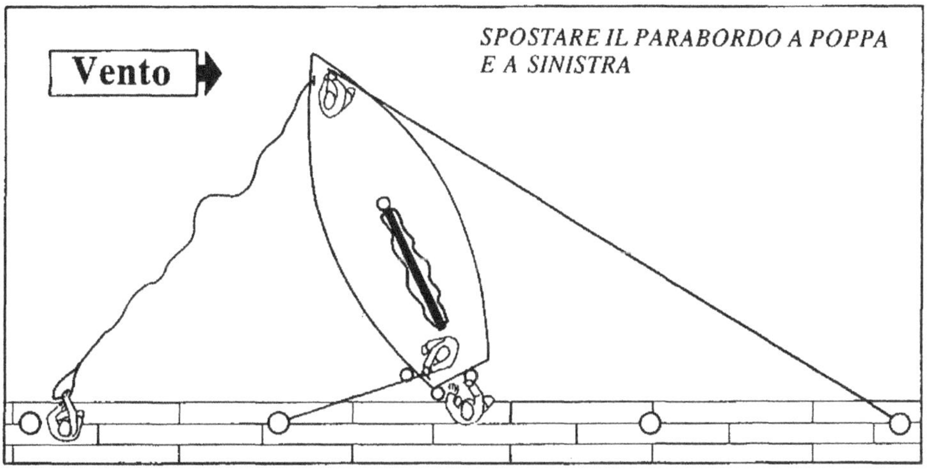

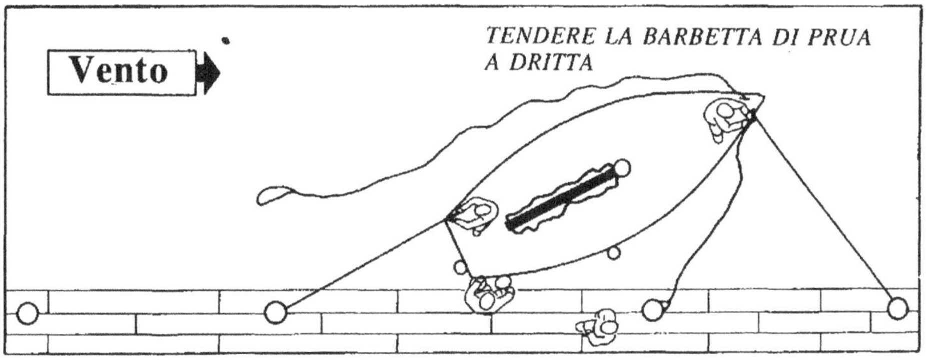

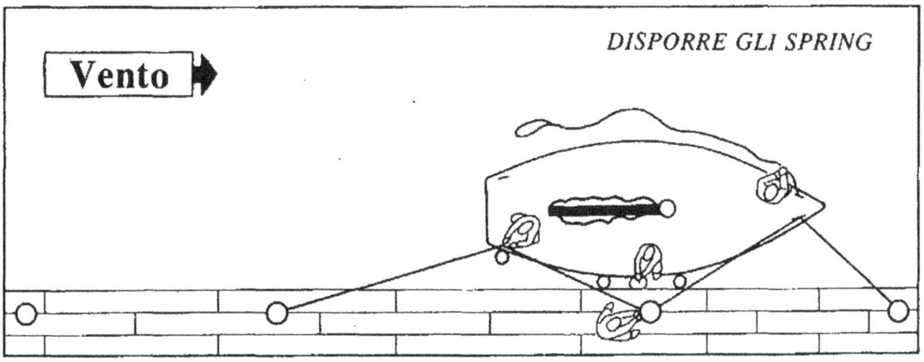

Nel caso di un forte vento dal mare, solitamente non è possibile eseguire questa manovra, perché non si riesce ad allontanare, sufficientemente, la prua in modo che prenda al vento sull'altro lato. Diversamente, il vento è sempre un grande aiuto, per cui la manovra deve essere concepita in modo tale da poterlo sfruttare.

Nel corso di questa manovra la cima, quello che era inizialmente lo spring di poppa, diventa la barbetta di poppa. Perciò non è piú necessario dare l'ordine « mettere la barbetta di poppa ».

Per aiutare la barca a girare, può servire il fiocco preso a collo. Tuttavia questa manovra è consigliata solo a delle barche molto grandi, e con poco vento. Ovviamente è possibile compiere questa manovra anche nella direzione opposta, quindi con la poppa, che passa il letto del vento. Tuttavia, è molto piú difficile proteggere con i parabordi la prua di una barca, piuttosto che la poppa, perché è piú larga.

Capitolo V
LE MANOVRE A MOTORE IN PORTO

È straordinariamente importante che lo skipper, prima di iniziare, metta in chiaro l'ordine cronologico di una manovra. Infatti, al contrario dell'automobile, in cui una manovra di parcheggio che non riesce molto bene, può essere interrotta in qualunque momento con il freno, il velista, e anche il capitano di una barca a motore, non hanno a disposizione il pedale, che ferma improvvisamente la barca. In altre parole: una volta che la manovra è stata avviata, nella maggior parte dei casi, deve essere eseguita fino in fondo. Se durante l'esecuzione della manovra succede qualche cosa, di cui lo skipper non ha tenuto conto, non soltanto si rischia la riuscita della manovra (questo non sarebbe particolarmente grave, perché poi si può ricominciare), ma spesso occorre mettere in conto gravi danni.

La cosa migliore è ripassare a mente la successione delle operazioni, prima di iniziare, partendo dal risultato desiderato, come ad esempio la barca ormeggiata in banchina - cosí come ha fatto lo skipper nelle prime pagine di questo libro.

In fondo ogni ragionevole marinaio agisce cosí, in modo totalmente automatico, quando entra con la sua barca in un porto e, lentamente, compie alcuni giri, per cercare un posto adatto all'ormeggio. Tuttavia, già cosí, si possono osservare i primi grossolani errori. In modo del tutto simile ad un automobilista, che si getta come un falco su uno dei rari parcheggi, vi è una moltitudine di skipper, che cerca di ormeggiare, nel modo piú rapido possibile, appena entra in un porto. Questo è assolutamente sbagliato. Non ci si dovrebbe vergognare di compiere alcuni giri, per trovare un posto adatto all'ormeggio. Forse il capitano del porto si troverà sul molo e vi indicherà già il vostro posto. È buona regola inoltre passare vicino alle altre barche lentamente, per chiedere se c'è posto.

Una manovra in porto richiede, da parte dello skipper, una grande concentrazione. Egli non deve tenere d'occhio solamente la propria barca (sono pronte le cime, i parabordi sono appesi nei punti giusti, la profondità è sufficiente, il motore è a posto, ecc.), ma deve anche, relativamente in breve tempo, familiarizzare con le caratteristiche di un porto sconosciuto. Anche se in precedenza ha letto le istruzioni nautiche, e ha studiato la carta del porto, lo skipper piú esperto rimane sempre sorpreso di quanto la situazione reale differisce, da quella che si era immaginato, leggendo le istruzioni nautiche. L'equipaggio si dovrebbe comportare in modo corrispondente. Il comportamento adeguato comprende tra l'altro che nessuno si dovrebbe occupare, durante questa mezz'ora critica, di qualsiasi altra cosa, che non sia la manovra in porto. Niente disturba maggiormente la concentrazione dello skipper quanto, ad esempio, un membro femminile dell'equipaggio che, proprio in quel momento, sistema sulla tuga uno specchio per il trucco, oppure degli ospiti che depositano in anticipo in pozzetto il loro bagaglio (impudenza!). E membri dell'equipaggio, che stando sul pulpito, muniti di buone intenzioni, si guardano intorno, e tolgono la vista allo skipper – vedi l'illustrazione a p. 8. Perciò, se possibile, tutto l'equipaggio – a meno che abbia dei compiti in coperta – deve stare *seduto* in pozzetto o in coperta. Solo quando lo skipper ha trovato il posto, si deve attivare secondo gli ordini.

Il caso ideale è trovare un'intera banchina a disposizione. Se, come è ovvio, il porto è affollato, è realistico essere scettici sulla qualità del posto. Ogni crocerista ha già vissuto una volta questa esperienza: ormeggia la sua barca in banchina, l'equipaggio molla le scotte e la moglie si accinge a servire il pranzo, quando il capitano del porto arriva a spiegare all'equipaggio, deluso, che il posto è riservato ad un traghetto, che dovrà attraccare entro cinque minuti.

L'unico obiettivo di una manovra di ormeggio è quello di mettere la barca nel posto finale, desiderato, e senza danneggiare lo scafo e il timone. Si impone di fare un paragone con l'aviazione. Far atterrare un aereo non è la dimostrazione di un effetto di magia. Al contrario, per atterrare senza danni, è indispensabile l'esperienza e la professionalità di un pilota. Ogni volta è possibile osservare degli skipper (per motivi evidenti si tratta nella maggior parte dei casi di skipper di charter) che si gettano, senza alcuna precauzione, sulla banchina e che evitano dei danni alla barca, solamente grazie ai parabordi. Questo non è il modo giusto di ormeggiare! Il caso ideale prevede che la manovra di ormeggio sia eseguita in modo tale da non rendere necessario l'uso dei parabordi. Devo tuttavia concedere che questo è possibile, solo con un po' di fortuna, in particolare per le barche di grandi dimensioni. Ma anche il modo, appena al di sotto della perfezione, ossia quando i parabordi devono sopportare una leggera pressione, è ancora accettabile, se i parabordi sono di dimensioni sufficienti, e soprattutto se sono collocati nei punti giusti. Tuttavia, arrivare talmente veloci in banchina, da correre il pericolo di scagliare via i parabordi e sfregiare la fiancata, è ovviamente molto peggio di una manovra di ormeggio a motore, che finisce a due metri dalla passerella, cioè un po' troppo distante per poter sbarcare. Niente impedisce (a motore) di ripetere questa manovra, che io non considero nemmeno fallita a meno che non ci fossero sfregi sulla vernice.

Per il principiante è consigliabile esercitarsi, nell'ormeggio a motore, in una giornata tranquilla, arrestando all'inizio la barca parallelamente alla banchina, ad una distanza di pochi metri e riducendo questa distanza, una manovra dopo l'altra, avvicinandosi quindi sempre piú alla banchina, mentre impara a conoscere, contemporaneamente, il comportamento della barca a motore. Durante la sua prima manovra di ormeggio in banchina, dovrebbe cercare un aiutante a terra, che riceva la cima. In questo modo può fermare, con la retromarcia, la barca a due o tre metri di distanza dalla banchina, e poi alarsi, con l'aiuto della cima a terra. Dovrà tuttavia essersi esercitato, in precedenza, con il lancio della cima. Senza vento non è grave, se un lancio fallisce. Se però il vento spinge sulla barca, un errore del genere può compromettere l'intera manovra.

Anche nel caso di operazioni cosí semplici, come l'ormeggio in banchina a motore, è tuttavia necessario che lo skipper conosca esattamente la sua barca. In particolare dev'essere conscio del fatto che una barca si comporta, a velocità molto ridotta, in modo molto diverso di quando naviga in mare a sei o sette nodi. Quindi dovrebbe una volta fare pratica, per un paio d'ore, ad esempio per conoscere le caratteristiche evolutive della sua barca, naturalmente in una giornata di calma e a velocità ridotta.

Il cerchio di evoluzione di una barca

Per stabilire l'area di evoluzione, è necessario avanzare, senza forza motrice (vele o motore), e poi, con il timone spostato, osservare in quale punto la barca gira. In quanto, dal centro di rotazione di una barca, dipende la circonferenza di evoluzione. Dove si trova esattamente il centro di evoluzione, non lo si può stabilire in modo definitivo. Cambia persino di pochissimo, a seconda della velocità. Si troverà però sempre in vicinanza dell'albero – questa definizione è però sufficiente, come grossolano punto di partenza.

Questo fatto ha delle conseguenze importanti, nelle manovre di ormeggio e di partenza. Se la poppa si sposta lateralmente (dando timone), ruota cosí, contemporaneamente, la prua in direzione opposta. Questo spiega inoltre perché è piú facile allontanare la barca dalla banchina, con il mezzo marinaio a prua o a poppa, piuttosto che non all'altezza dell'albero.

Fig. 38. Non è possibile allontanarsi dalla banchina senza scostare la barca a causa del centro di rotazione in vicinanza dell'albero. Occhio alla poppa!

Sull'abbrivio è possibile navigare in cerchio, soltanto fino a quando il timone è efficace. Questo dipende principalmente dalla forma dello scafo, cosí come dalla forma e dalla dimensione della pala. Per questo motivo non è possibile fornire una regola generale. Nel caso delle barche a vela, tuttavia, nella maggior parte dei casi il timone è efficace, senza l'influenza del vento, fino ad una velocità di mezzo nodo. Occorre però considerare che la barca reagisce sempre piú lentamente, man mano che la velocità diminuisce.

Effetto del vento su una barca in manovra

Il vero nemico dello skipper, nelle manovre in porto a motore, è il vento, in quanto, a seconda della diversa pressione sullo scafo, può modificare, notevolmente, le caratteristiche evolutive della barca. Per questo lo skipper deve sempre tenere conto dell'influsso del vento, quando immagina una manovra. È perico-

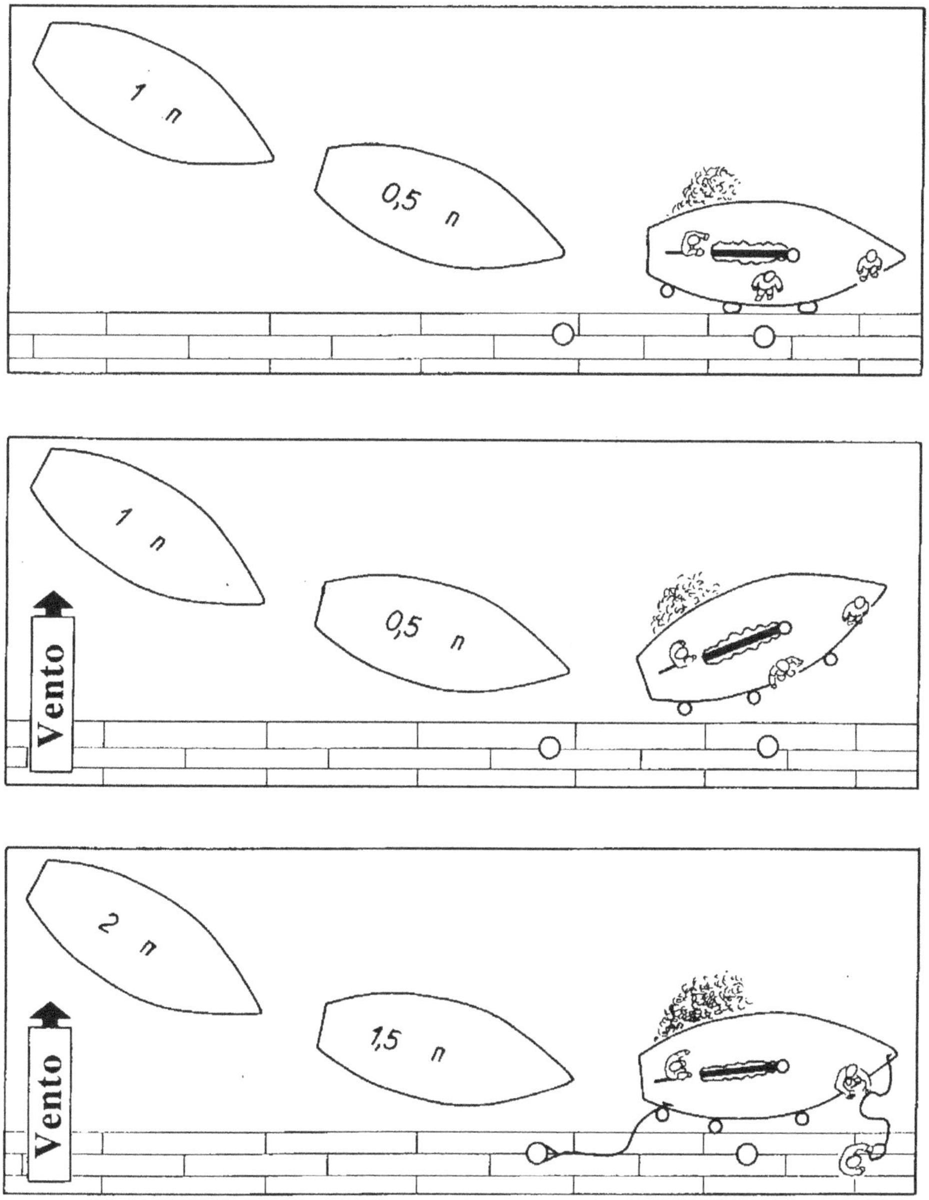

Fig. 39.
In alto: *in assenza di vento, la manovra di ormeggio a motore non presenta problemi; è sufficiente avanzare a mezzo nodo di velocità.*

Al centro: *il vento, se spirerà da terra, allontanerà la barca, che avanza lentamente, dalla banchina, prima che si possano portare a terra le cime.*

In basso: *questo si può evitare manovrando con velocità maggiore e riducendo il lasso di tempo critico, in cui la barca « non ha abbrivio (e timone) » utilizzando maggiormente la retromarcia.*

loso fare affidamento sull'anemometro e sull'indicatore della direzione del vento, in quanto indicano il vento apparente. A seconda della rotta e della velocità, si ottengono nelle manovre valori completamente diversi.

Per questo occorre, quando si è in porto, osservare gli oggetti che indicano il vento reale – la bandiera su di una barca, la banderuola segnavento di una deriva, il fumo di un camino oppure anche della biancheria stesa – meglio se in vicinanza del posto in cui volete ormeggiare, poiché il vento può essere deviato dalle barche e dalle case.

Il vento ha un'influenza tanto maggiore, sulla barca, quanto piú la sua velocità (della barca) è ridotta. Per esperienza le barche piccole nelle manovre vengono disturbate dal vento, molto piú di quelle grosse. Nel caso di una barca a vela, l'influsso del vento è sempre maggiore a prua che a poppa. Quindi la causa principale del fallimento di una manovra sta nel fatto che il vento allontana la prua, e la barca si ritrova in una direzione indesiderata. Questo può essere evitato riducendo notevolmente il tempo, in cui il vento può influire maggiormente sulla barca (quindi a velocità molto ridotta). Nel caso di una forte influenza del vento, non ci si può avvicinare alla banchina ad una velocità troppo ridotta, tanto che il timone sarebbe ancora efficace, in assenza di vento, al contrario si deve avanzare ad almeno due nodi, per poi fermare la barca, con un maggior aiuto del motore, ed innestando la retromarcia.

Contemporaneamente occorre portare in banchina le barbette di poppa e di prua, per poter rendere inoffensivo l'influsso del vento sulla barca.

Quando si ferma la barca con la retromarcia, vi è un altro influsso che tende a far ruotare la barca: è l'effetto del passo dell'elica, che gioca un ruolo decisivo in tutte le manovre a motore.

Effetto dell'elica

Come si può facilmente immaginare l'elica, che gira, non crea solamente una forza propulsiva, ma altresí sposta leggermente di lato, a seconda del senso di rotazione, la poppa della barca, il che comporta che l'elica, in modo simile ad una ruota sulla terraferma, si sposta lateralmente. Per poter comprendere piú facilmente l'effetto dell'elica, aiutiamoci con questa figura: un'elica destrorsa (il senso di rotazione viene sempre indicato come se ci si trovasse a poppa dell'elica) tende a spostare a dritta (destra) la poppa della barca. Al contrario, un'elica sinistrorsa sposta la poppa a sinistra.

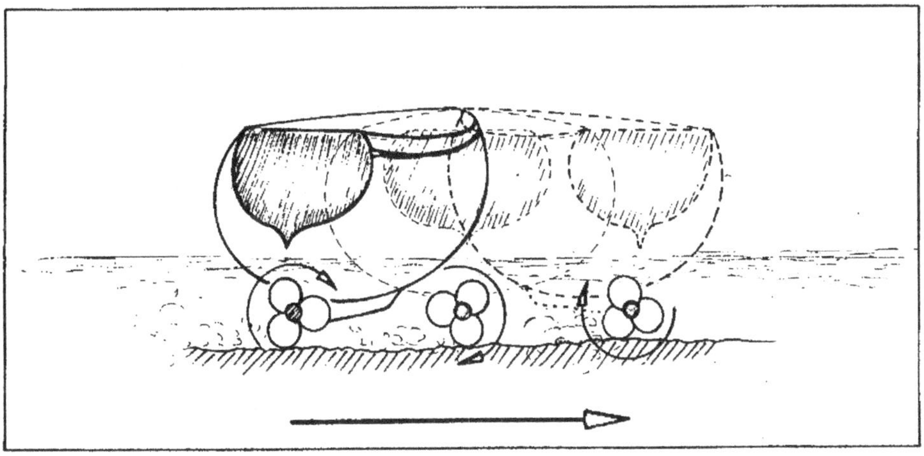

Fig. 40. L'effetto dell'elica può essere compreso piú facilmente immaginando un'elica che ruota sulla terraferma.

L'effetto dell'elica può rivelarsi molto dannoso durante determinate manovre, tuttavia in altre circostanze può essere utile. Perciò è importante sapere che in una barca che non avanza, in un primo momento si manifesta, quasi esclusivamente, l'effetto dell'elica. Solo quando ha preso velocità, diminuisce l'influsso dell'elica, fino a scomparire, quasi completamente, alla velocità di crociera.

Quindi di nuovo:

1. Un'elica destrorsa sposta a dritta la poppa della barca;
2. Un'elica sinistrorsa sposta a sinistra la poppa della barca.

Poiché a motore si deve sempre prendere in considerazione l'effetto dell'elica, occorre stabilire per prima cosa da quale parte gira l'elica. Un'occhiata al motore fornisce la risposta: facendo ruotare l'elica si innesta la marcia avanti e si osserva l'albero. Per coloro per i quali questo metodo risulta troppo veloce e per chi non è troppo sicuro, è possibile stabilire facilmente il senso di rotazione dell'elica anche in un altro modo. È sufficiente con la barca ferma, che non avanza sull'acqua, il motore acceso, e il timone a centro-barca, innestare la marcia e spingere velocemente la leva del gas in avanti, in modo che il motore raggiunga possibilmente il numero di giri di marcia, prima che la barca acquisti velocità. Uno sguardo a poppa, verso un punto cospicuo, indicherà chiaramente su quale lato avrà ruotato la poppa, e quindi il passo dell'elica.

Nel corso di molte manovre sarebbe troppo scomodo, se questa tendenza, dovuta al motore, si manifestasse solo su di un lato. È però possibile sfruttare l'effetto del passo dell'elica anche sull'altro lato: quando l'elica gira in retromarcia in senso opposto. Spesso l'effetto del passo dell'elica è persino piú pronunciato a marcia indietro. Questo dipende dal fatto che, a marcia avanti, anche il timone viene investito dal flusso dell'acqua; il vortice provocato dall'elica sul timone provoca un notevole effetto, superiore a quello del passo dell'elica. Si tratta di un grande vantaggio, in quanto, con l'aiuto del timone, è possibile rafforzare o diminuire la tendenza alla rotazione, dovuta al passo dell'elica. È importante sapere che l'effetto del timone, rispetto a quello dell'elica, è preponderante. Per contrastare l'effetto del passo, nel caso di un'elica sinistrorsa, non è necessario mettere: *tutto il timone a sinistra* (cioè la pala a dritta), bensí *solo* in una posizione;
timone a sinistra, che si può individuare solamente con l'esperienza, in relazione al tipo di barca.

Tuttavia, tanto piú la barca acquista velocità in avanti tanto piú prevale l'effetto del timone. Con la retromarcia innestata è praticamente impossibile contrastare l'effetto del passo dell'elica sulle barche comuni, perché la pala del timone è collocata davanti all'elica, nella direzione di marcia, e quindi non viene piú investita dal flusso dell'acqua spostata dall'elica. Questa è, contemporaneamente, la ragione per la quale, in generale, le barche a vela manovrano male a motore, in retromarcia.

E adesso passiamo ad alcuni esempi pratici:

La barca deve partire da ferma, esattamente in linea retta. Questo può essere necessario, quando si parte da un *cat-way*, oppure da una chiusa, perché altrimenti la barca va ad urtare contro il muro con la poppa. Supponiamo che l'elica sia destrorsa.[1] In questo caso il timone dev'essere messo leggermente a

[1] Negli esempi seguenti si partirà sempre dal presupposto che la barca abbia un'elica destrorsa. Prego i proprietari di barca con elica sinistrorsa di modificare conformemente la manovra a motore.

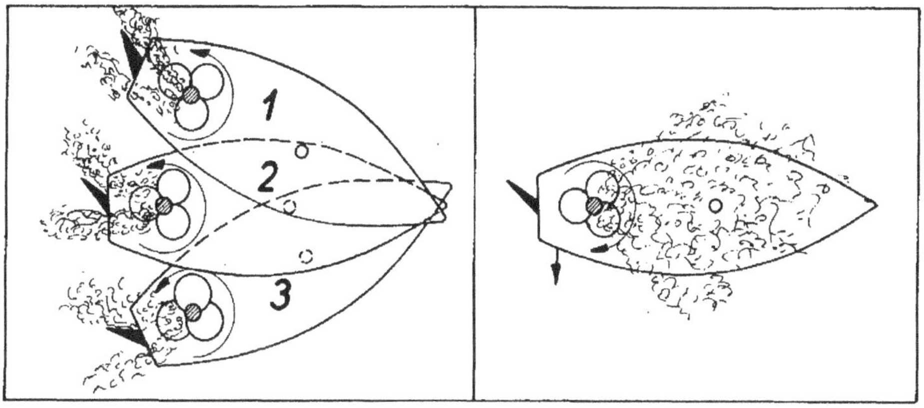

Fig. 41.
A sinistra: *a marcia avanti l'effetto del passo dell'elica viene sopravvanzato dall'effetto del timone, aumentando la velocità.*
A destra: *in retromarcia prevale l'effetto dell'elica, in quanto il timone non viene investito dal flusso d'acqua.*

dritta, per contrastare la tendenza rotatoria della poppa dovuta al passo dell'elica (poppa a dritta). Non appena, dopo pochi istanti, la barca acquista velocità, l'influsso del timone prevarrà su quello dell'elica, in modo che il timone potrà, lentamente, essere riportato a centro-barca.

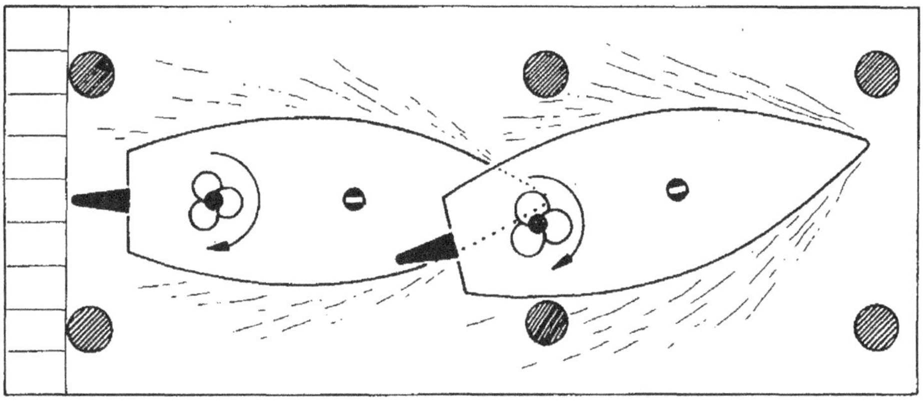

Fig. 42. Per poter partire in linea retta, occorre contrastare l'effetto dell'elica con il timone.

Se la barca deve girare a dritta, con un raggio molto corto, si mette il timone a fondo a dritta. Poiché l'effetto del passo dell'elica contrasta la rotazione verso destra, la barca descriverà un arco di cerchio relativamente ampio. Se la barca deve girare

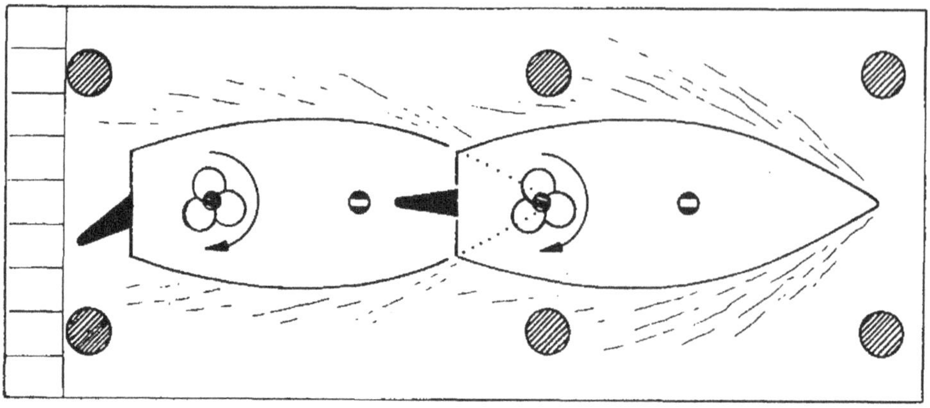

Fig. 43. Cosí è esatto: non appena la barca ha preso velocità, l'effetto dell'elica si riduce notevolmente.

a sinistra, si mette il timone a fondo a sinistra. In questo caso la barca descriverà un cerchio notevolmente piú piccolo.

Se lo spazio a disposizione è molto ridotto e la barca dev'essere comunque fatta girare, si procederà in modo simile a quanto descritto in precedenza. Tuttavia prima che la barca possa prendere velocità in avanti, ogni volta la si fermerà, innestando la retromarcia. Il getto d'acqua sulla pala del timone, provocato dall'elica causerà, comunque, una tendenza rotatoria maggiore dell'effetto dell'elica. Naturalmente anche in questo caso è molto piú semplice compiere un giro a sinistra, perché l'effetto del passo dell'elica si sommerà con quello dovuto alla posizione a fondo del timone.

In questo contesto è importante che l'elica giri in posizione *mezza forza avanti*, solamente fino a tanto che la barca sta per prendere velocità in avanti. Per contrastare l'accelerazione in avanti la leva dovrà sempre essere riportata poi in retromarcia. Nel compiere questa operazione occorrerà tuttavia risparmiare il cambio. In nessun caso si potrà passare, immediatamente, dalla posizione *avanti* della leva del cambio all'indietro. Bisognerà passare sempre per la posizione *neutra* (folle) e consentire « un secondo di pausa in memoria del cambio ». Far girare l'elica in retromarcia serve solo ad impedire che la barca acquisti velocità in avanti. Non appena la barca è nuovamente ferma sul posto, si può passare, per alcuni secondi, su *mezza forza avanti*, e ricominciare il gioco dall'inizio. Non appena la barca inizia a girare, l'effetto rotatorio dell'elica in retromarcia, nella direzione opposta, può fare ben poco per contrastarla.

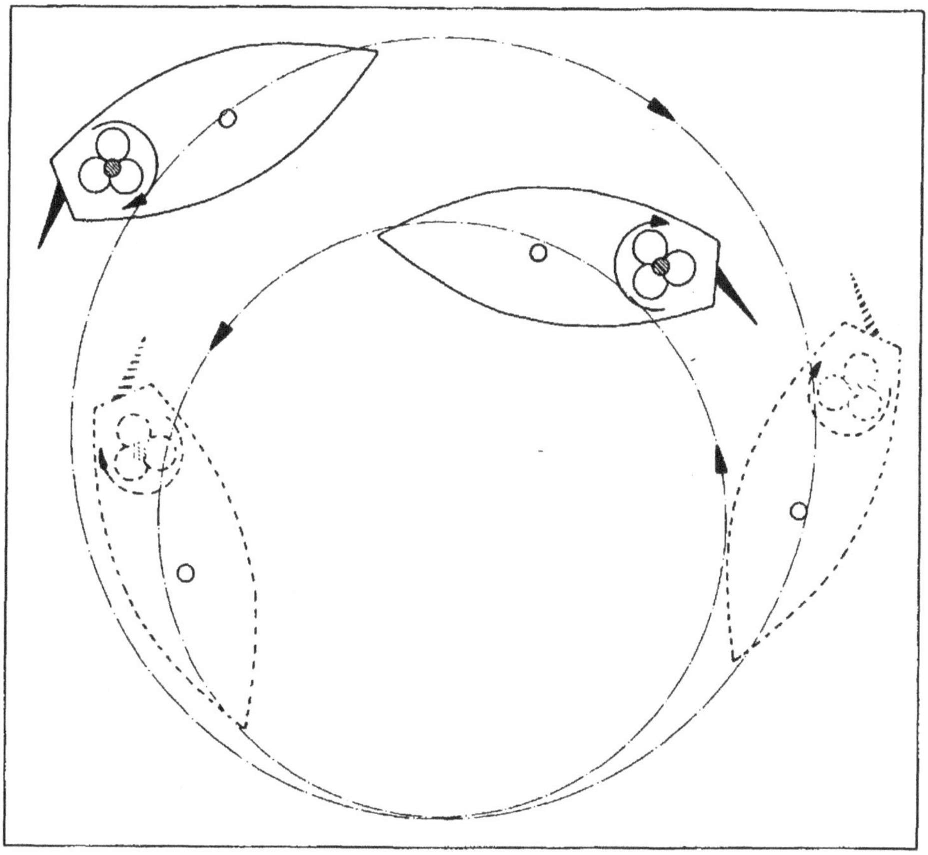

Fig. 44. A sinistra: *l'effetto del passo dell'elica aiuta a descrivere un cerchio di evoluzione piú piccolo.*

Fare retromarcia

È particolarmente vero, per quanto riguarda la manovra di retromarcia a motore, che occorre fare pratica spesso. Esistono delle barche che possono essere « parcheggiate » con una manovra in retromarcia, quasi con la stessa facilità di un'automobile; altre al contrario - quelle con la chiglia profonda in particolare - non si lasciano controllare, a marcia indietro. La causa di questo comportamento è, quasi sempre, la mancanza del flusso d'acqua dell'elica sul timone.

Nel caso delle barche che navigano bene in retromarcia, la manovra di poppa non richiede dei trucchi particolari. Guardando a poppa, verso la meta desiderata, si deve mettere il timone in modo che la pala vada nella direzione di marcia desiderata.

Nel caso delle barche « refrattarie » alla retromarcia, è possibile, in determinate circostanze, raggiungere il successo, se si è particolarmente diligenti nell'applicazione della seguente norma: si deve inserire la retromarcia solo quando la barca è completamente ferma. Diversamente anche il piú piccolo movimento rotatorio potrebbe essere ulteriormente rinforzato.

Se si dà solo poco gas, la maggior parte delle barche dapprima si muove lentamente all'indietro, senza che si registri l'effetto del passo dell'elica. La temuta « fuga » della barca avviene solo dopo un certo tratto. In generale questa rotazione su di un lato *non può essere contrastata* dall'azione del timone, in senso opposto. In questa situazione l'unica cosa da fare è riportare la barca nella posizione iniziale, dando un colpo di marcia avanti e mettendo il timone a fondo, e ripetere la manovra, ricominciando dall'inizio.

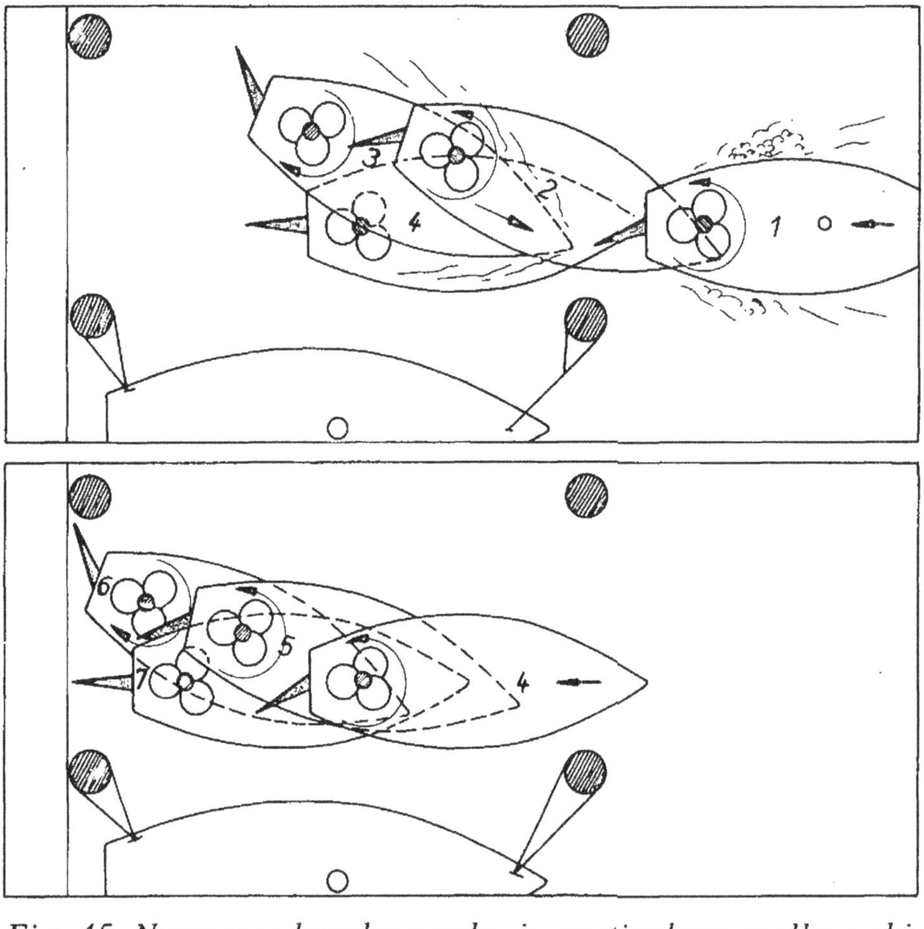

Fig. 45. Numerose barche a vela, in particolare quelle a chiglia profonda, sfuggono al controllo, dopo un breve tratto, nonostante l'azione del timone e devono essere riportate sulla linea corretta con un colpo di marcia avanti. Questa operazione dev'essere, eventualmente, ripetuta piú volte.

Alcune barche reagiscono molto bene alla posizione del timone a fondo, se hanno preso un po' di abbrivio a marcia indietro. Questo comportamento dev'essere valutato da ciascuno, in una giornata tranquilla. Quello che conta è che non si deve accelerare troppo, altrimenti, sull'effetto già ridotto del timone, prevale quello dell'elica. In queste barche non si deve perciò prestare attenzione alla pala del timone, bensí giocare abilmente con la leva del gas.

Il vento ha un'influenza particolare. Poiché di solito una barca può indietreggiare solo lentamente, l'azione del vento, sulla parte anteriore della barca, può determinare il fallimento della manovra. D'altra parte esistono situazioni nelle quali solamente con l'aiuto del vento è possibile fare retromarcia correttamente. Persino barche, che normalmente non possono essere manovrate a marcia indietro, possono - soprattutto con vento forte - avanzare di poppa nel letto del vento.

Questo accorgimento l'ho imparato da un pescatore delle Canarie, che voleva soccorrere una barca ancorata, durante una tempesta. Piú volte cercò di risalire il vento con la sua barca, nel tentativo di affiancarsi alla barca a vela che beccheggiava violentemente, per far sí che da prua un uomo potesse salire a bordo. Tuttavia, ogni volta che la raggiungeva e disinnestava la marcia, in pochi secondi il vento allontanava nuovamente la prua della sua imbarcazione. Solo quando eseguí la manovra al contrario, e accostò la barca con la poppa a marcia indietro, ebbe successo al primo tentativo. Questo fatto è evidente, perché anche quando la barca sfugge, il vento preme sempre la prua, in modo tale che risulta sempre nel letto del vento.

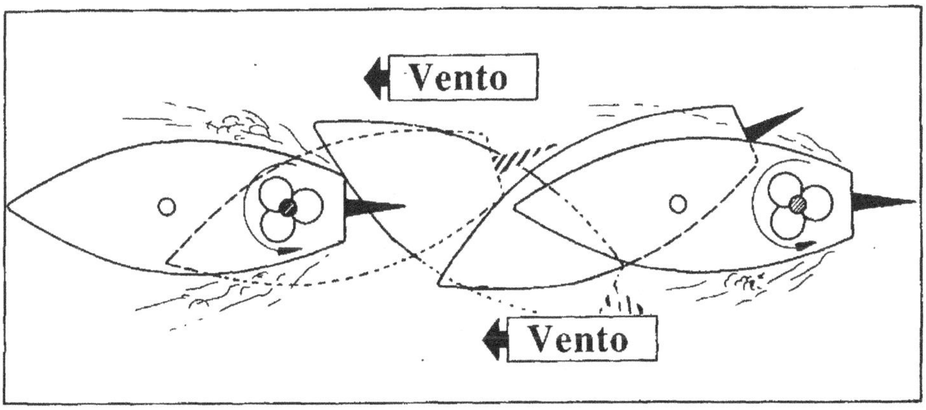

Fig. 46. Il vento forte consente anche alle barche difficilmente manovrabili in retromarcia di indietreggiare perché raddrizza sempre la prua.

Accostare con un'elica destrorsa - banchina a sinistra[1]

In generale, nelle manovre di accosto in banchina, non sono necessari comandi particolari, poiché lo skipper si trova al timone e aziona, contemporaneamente, la leva del cambio. L'ordine:

Cime e parabordi pronti a sinistra

dovrebbe perciò essere sufficiente, per lasciare che un equipaggio affiatato metta in chiaro le barbette di prua e di poppa, e prepari gli spring. Per questa manovra sono necessari due parabordi a prua e due al centro della barca. Compatibilmente con le dimensioni dell'equipaggio, è desiderabile che una persona sia impegnata a prua, per la barbetta e lo spring di prua, e un'altra a poppa, per la barbetta e lo spring di poppa.

La manovra, di per sé, è facile. Ci si avvicina alla banchina con un angolo di circa 30 gradi, con un abbrivio appena sufficiente perché il timone possa essere efficace. Con calma di vento, la velocità non dovrebbe essere superiore ad un nodo - a seconda delle dimensioni della barca. Se lo skipper ha a bordo un solcometro elettronico, è bene che lo utilizzi per controllare la velocità.

Se, appena prima che la prua raggiunga la banchina, il motore è in folle, la barca non dovrebbe, praticamente, piú avere abbrivio. È particolarmente utile che la persona a prua continui ad informare lo skipper al timone sulla distanza dalla banchina: *2 lunghezze, 1 lunghezza, 5 metri, 3 metri...* ecc. Sulle barche di grandi dimensioni, in particolare, il timoniere trova molta difficoltà a stimare la distanza.

Quando la prua ha quasi raggiunto la banchina (nel caso ideale i parabordi non dovrebbero nemmeno toccare il molo), lo skipper innesta la retromarcia per:

1. fermare completamente la barca;

2. avvicinare la poppa alla banchina, con l'aiuto dell'effetto del passo dell'elica.

Con un equipaggio affiatato, è sufficiente poi l'ordine:

Passare le cime

[1] La manovra «accosto in banchina» può essere eseguita altrettanto bene lungo un'altra barca - quanto piú lunga tanto meglio è.

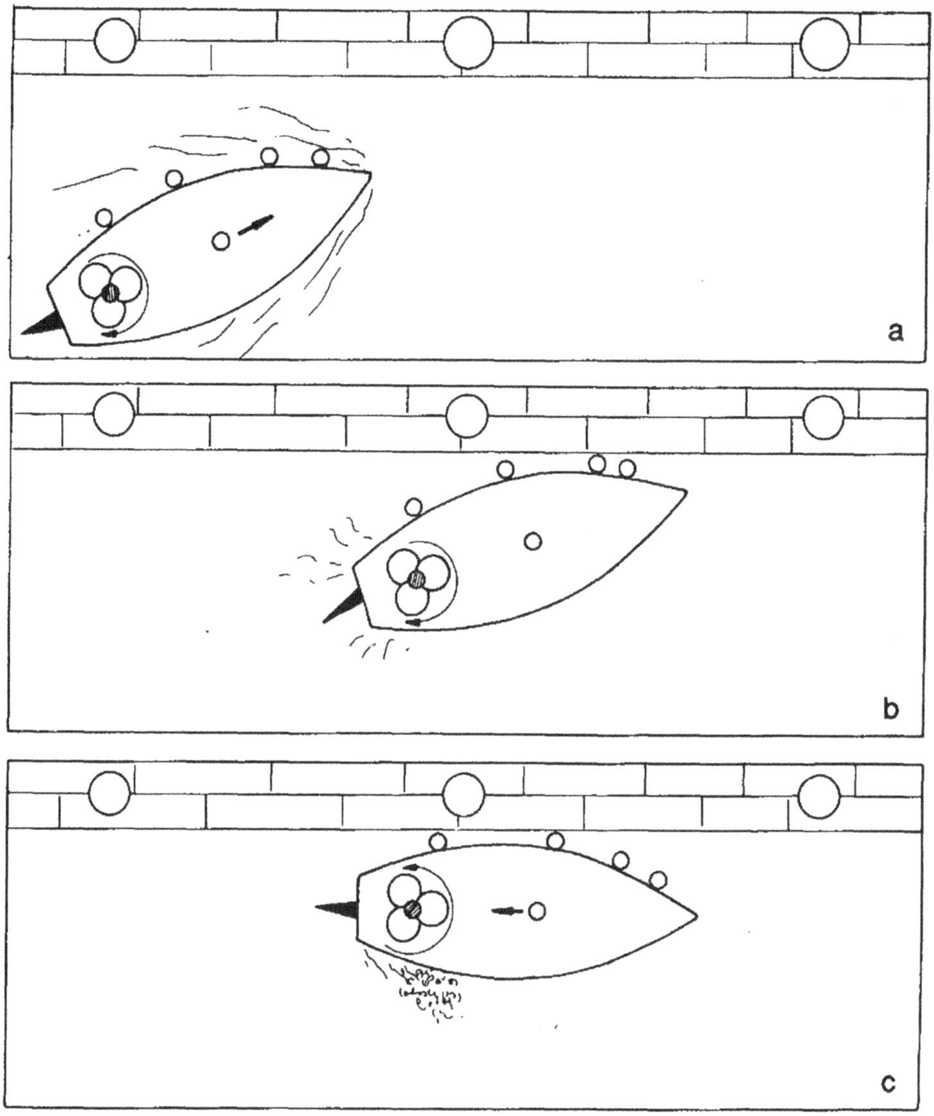

Fig. 47. L'angolo di avvicinamento dovrebbe essere (a) di 30° con un'elica destrorsa, in questa posizione, si toglie l'ultimo abbrivio alla barca (b) e contemporaneamente, per l'effetto del passo dell'elica, la poppa si avvicina alla banchina (c).

perché prima le barbette di prua e di poppa e poi gli spring vengano portati a terra. Se la manovra è riuscita, e nel porto regna la calma, non occorre alcun aiuto esterno, ma è sufficiente che una persona sbarchi all'altezza delle sartie (questo è il punto piú largo della barca e la distanza dalla banchina è minore; inoltre si ha un buon appiglio), per ricevere le cime. In questo caso, non ha importanza quale cima viene fissata per prima.

Se il vento spira esattamente in banchina, la manovra dev'essere concepita in modo che la barca, quando il vento non soffia, si fermi a uno o due metri di distanza dalla banchina. Il vento poi la avvicinerà leggermente al molo.

Se il vento soffia dalla banchina, si esegue la manovra come d'abitudine, ma poi, il piú rapidamente possibile, si portano a terra le cime di prua e di poppa (non dimenticate: *le cime vengono regolate solo dalla barca*!). Quando la manovra non riesce al primo tentativo, non succede niente di grave, perché il vento allontana, senza pericolo, la barca dalla banchina, per cui si può, subito poi, ricominciare.

Se il vento è da prua, è assolutamente necessario portare a terra e dare volta alla barbetta di prua e allo spring di poppa, per prime, e occorre fare questo il piú velocemente possibile.

Se il vento viene da poppa, in modo corrispondente, si deve portare a terra e dare volta, per prime, alla barbetta di poppa e allo spring di prua.

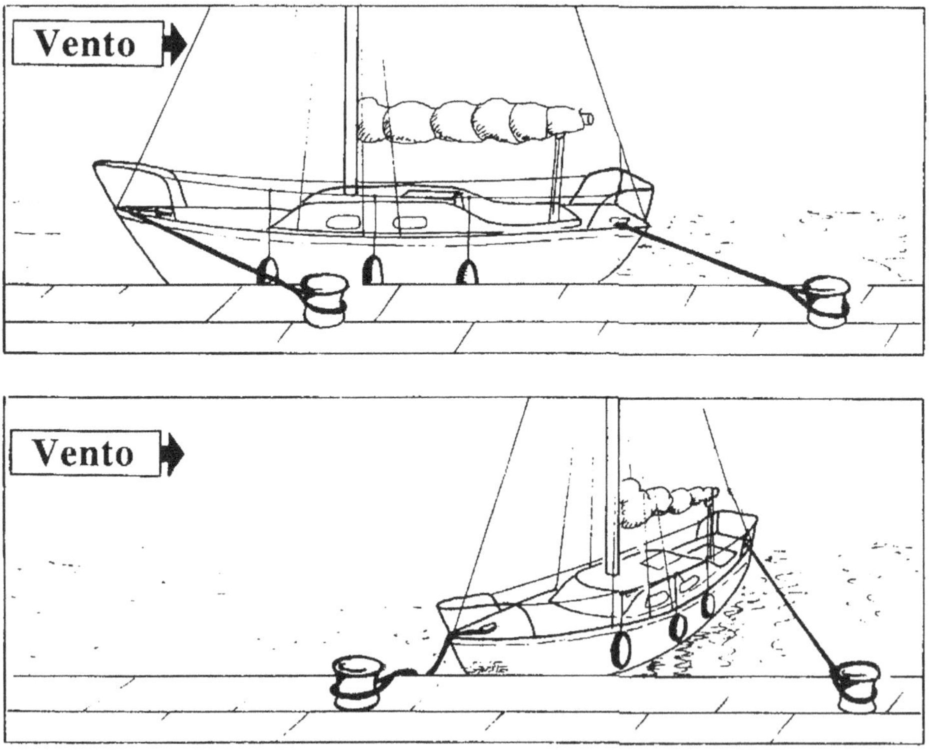

Fig. 48. Quando c'è vento, bisogna assolutamente portare a terra, per prime, le cime poste nella sua direzione! In caso contrario la barca si allontana e i parabordi non servono piú a nulla.

Accostare con un'elica destrorsa - banchina a dritta

Al contrario della manovra di « accosto con un'elica destrorsa - banchina a sinistra » nell'accostare dal lato in cui si manifesta l'effetto dell'elica, è necessario proteggere, con dei parabordi, anche la poppa.

Il timoniere si avvicina alla banchina, con un angolo da 30° a 40°, a velocità appena sufficiente perché il timone sia ancora efficace. Dal momento che, a marcia avanti, l'effetto dell'elica si fa sentire debolmente, è possibile, se l'abbrivio non è sufficiente, riprendere velocità con un colpo di acceleratore. Questo è però fattibile solo in assenza di vento, quando cioè non vi è il pericolo che la prua possa essere allontanata.

Nella situazione ideale, la barca, quando raggiunge la banchina, ha una velocità appena sufficiente perché con il timone a sinistra la poppa giri verso la banchina, in modo da dare la possibilità ad una persona di sbarcare da poppa, per occuparsi della cima, in quanto la prua si allontana un po' troppo dal molo.

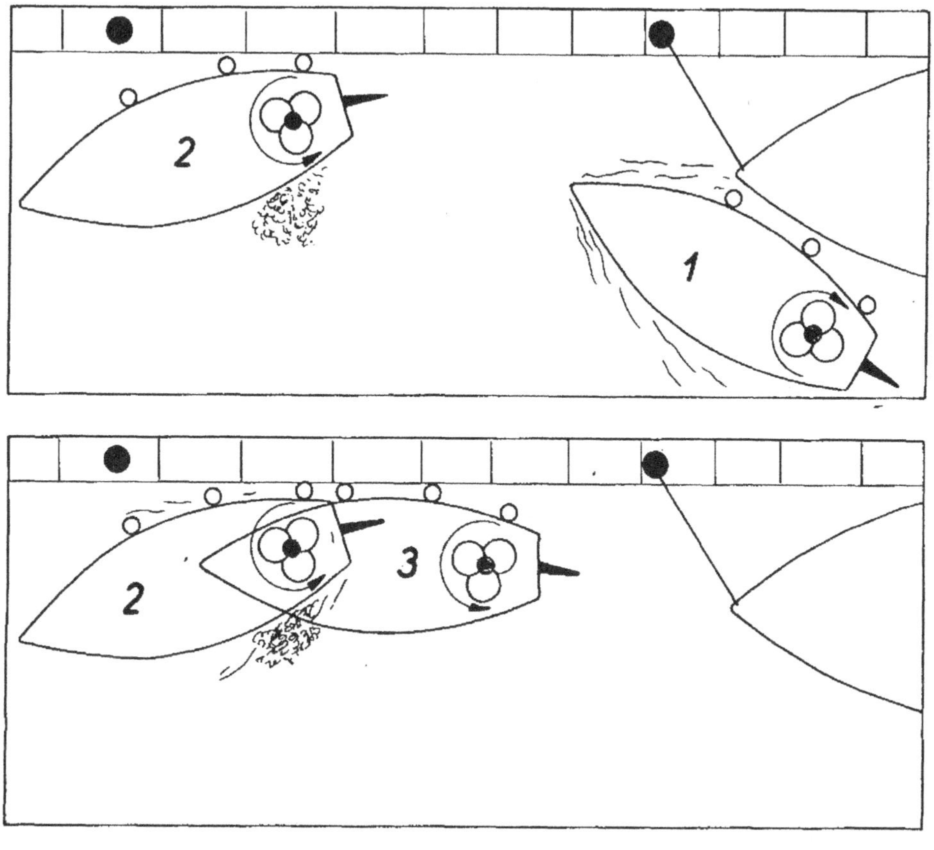

Fig. 49. Nella manovra di ormeggio a dritta, con un'elica destrorsa, è molto piú facile sbarcare da poppa, per ricevere la cima.

Innestando la retromarcia, a mezza forza, si ferma la barca, completamente, e la si mette parallela alla banchina (effetto del passo dell'elica!). Le cime vengono assicurate, come in precedenza. Cosí come per la manovra di « ormeggio a sinistra », è indispensabile considerare l'influsso del vento.

Salpare di prua con elica destrorsa - banchina a dritta

Pronti a salpare. Quando viene dato quest'ordine, il motore dev'essere acceso, il mezzo marinaio deve trovarsi a portata di mano e degli altri parabordi devono essere pronti. In tutte le manovre di partenza, a marcia avanti, è d'obbligo che l'equipaggio, fin dall'inizio, sistemi dei parabordi a poppa.

È dimostrazione di abilità marinara mettere quattro cime di ormeggio a doppino, in modo che possano essere regolate a bordo. Ovviamente, se in porto non c'è vento e anche la corrente è assente, tanto che la barca ferma, non ormeggiata, non si sposta, mettere le cime a doppino è un inutile spreco di energia.

Il motore dev'essere acceso da almeno cinque minuti (per evitare che, nel momento decisivo, dell'aria nel condotto del gasolio spenga il motore), prima che vengano dati i seguenti ordini:

Mollare lo spring di prua

Mollare la barbetta di poppa

Mollare lo spring di poppa

Mollare la barbetta di prua

Scostare la prua

Proprio nell'esecuzione della manovra di partenza, è necessario tenere presente il senso di rotazione della barca dovuto all'effetto del passo dell'elica. Se il timoniere mettesse il timone a fondo a sinistra, la poppa urterebbe, immancabilmente, contro la banchina.

Quando si salpa a marcia avanti, bisogna riuscire a mettere la barca in posizione tale per cui la prua non è parallela alla banchina, ma non punta neanche verso questa. Per ottenere questo risultato, la si tiene scostata con il mezzo marinaio, da prua. Anche le barche molto grandi possono essere scostate a mano. Tanto piú la persona è avanti, tanto piú si allontana il centro di rotazione della barca, migliorando cosí l'effetto di leva.

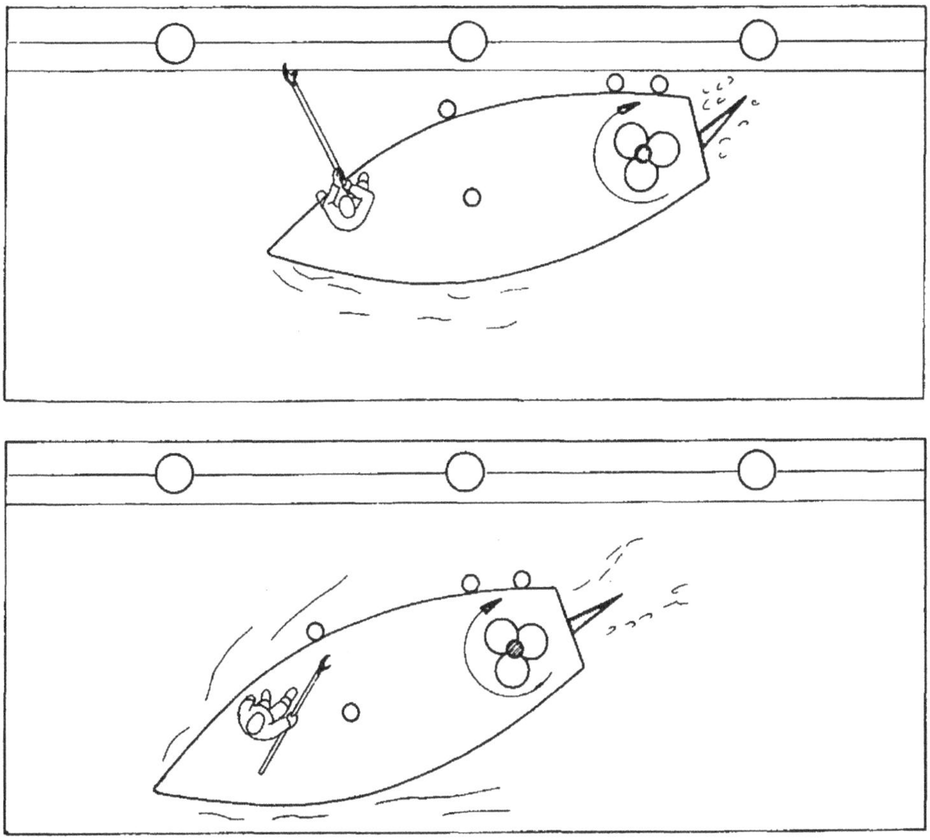

Fig. 50. Allontanare la prua e contrastare, inizialmente con il timone, l'effetto dell'elica fino a quando la poppa è veramente libera.

A questo punto il timoniere deve solo partire, con la barca in linea retta. Nel far questo, deve fare attenzione, compensando leggermente con il timone, che l'effetto dell'elica - anche poco - possa far urtare la poppa contro la banchina. Non appena la barca ha preso velocità, si mette dapprima il timone al centro, perché l'effetto dell'elica non si fa quasi piú sentire. Solo quando la poppa è libera dalla banchina, si può dare timone a sinistra. Se il timoniere è in posizione favorevole, è facile tenere sotto controllo, con una precisione di centimetri, la distanza della poppa dalla banchina.

Salpare di poppa con elica destrorsa - banchina a dritta

Il presupposto per salpare di prua, dal momento che durante questa manovra si può descrivere solo un arco di cerchio ampio, è uno specchio d'acqua libero, relativamente grande, che nei porti, per lo piú affollati, si trova raramente. Se la banchina è sulla dritta, e se c'è spazio sufficiente a poppa, si può salpare in retromarcia. Al contrario di quando si esegue la manovra di partenza di prua, è la parte anteriore della barca che occorre proteggere bene con i parabordi.

In questa manovra, il timoniere si avvantaggia nuovamente – spesso indipendentemente dalla posizione del timone – dell'effetto del passo dell'elica. Questo esercizio è adatto anche a quelle barche che altrimenti sono molto difficili da manovrare, in retromarcia.

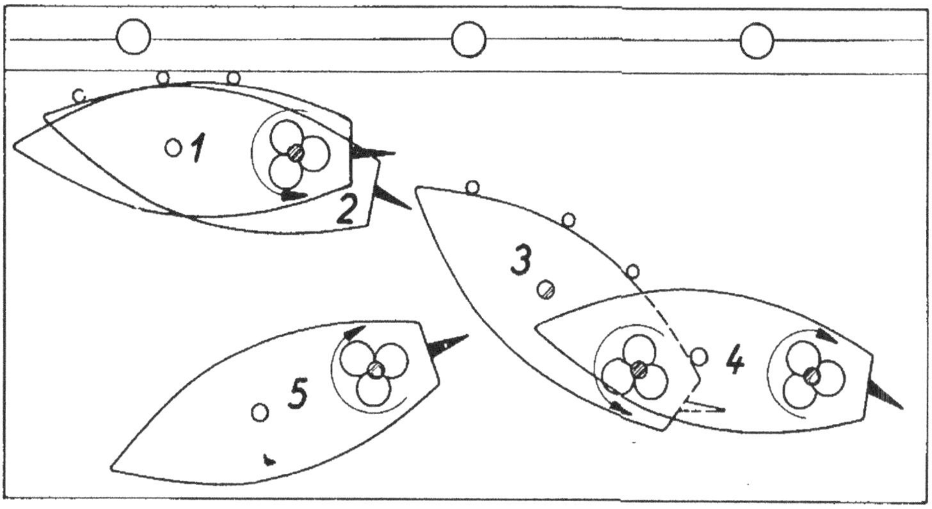

Fig. 51. Salpare di poppa con un'elica destrorsa: in questo caso l'effetto dell'elica vi aiuta; proteggere la prua con i parabordi.

Salpare di prua con elica destrorsa - banchina a sinistra

Anche per salpare dalla banchina a sinistra, vale in primo luogo la regola di tenere discosta il piú possibile la prua. Per il resto si tratta della manovra a motore piú facile, poiché l'effetto dell'elica impedisce che la poppa – se il timone è in posizione corretta – possa urtare il molo.

Anche se, per questa manovra, davanti non è necessario che ci sia molto spazio, come nel caso della partenza da una banchina a dritta, può tuttavia succedere che non la si possa eseguire nei porti di piccole dimensioni, per esempio nel caso in cui davanti ci siano delle barche ormeggiate a coppia, oppure delle barche da pesca.

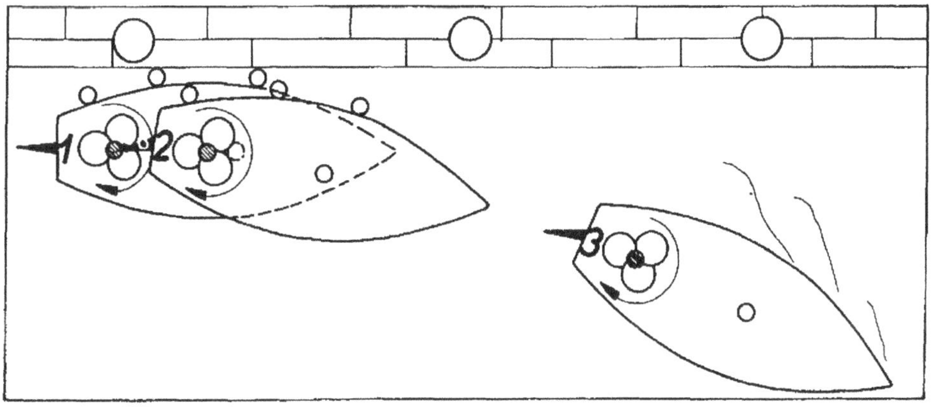

Fig. 52. Salpare di prua: elica destrorsa e banchina a sinistra; la manovra piú facile.

La possibilità di fare retromarcia non c'è, perché l'effetto dell'elica farebbe finire la poppa in banchina. In questo caso non serve nemmeno scostare, in modo permanente, la poppa - soprattutto per le barche di grandi dimensioni.

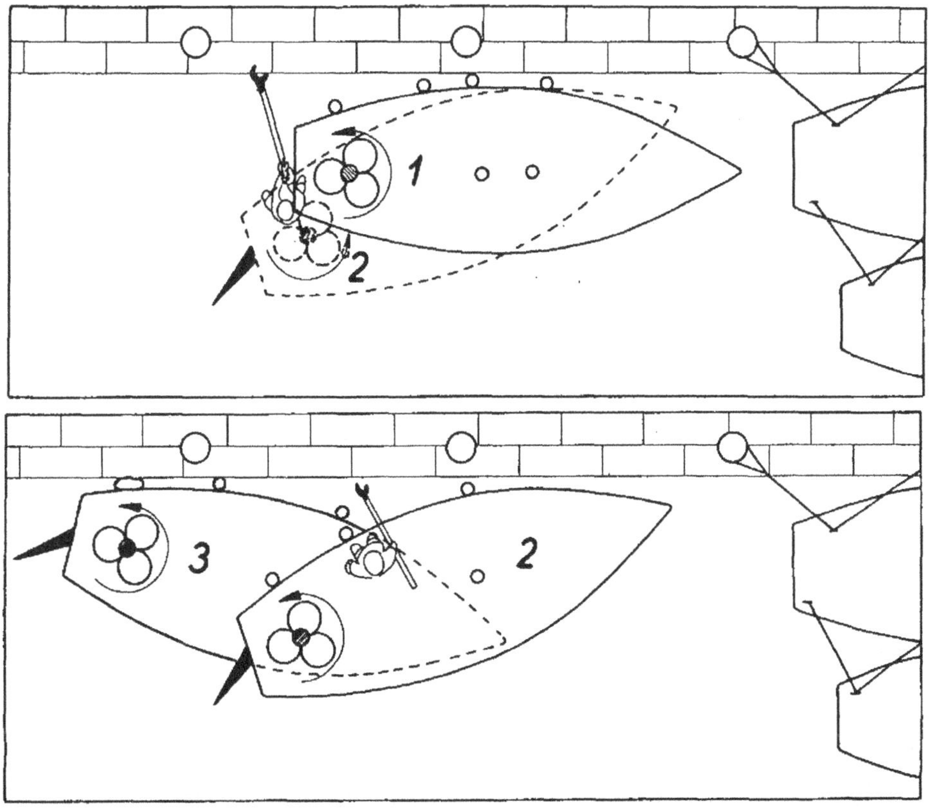

Fig. 53. In questo caso non serve scostare la poppa; l'effetto del passo dell'elica spingerà, nuovamente, la poppa contro la banchina.

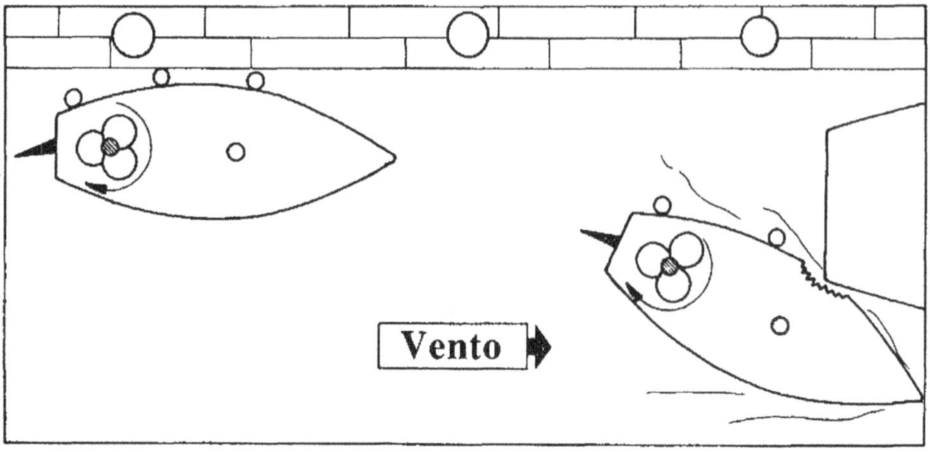

Fig. 54. Se c'è vento forte da poppa, lo spazio a prua non sarà piú sufficiente...

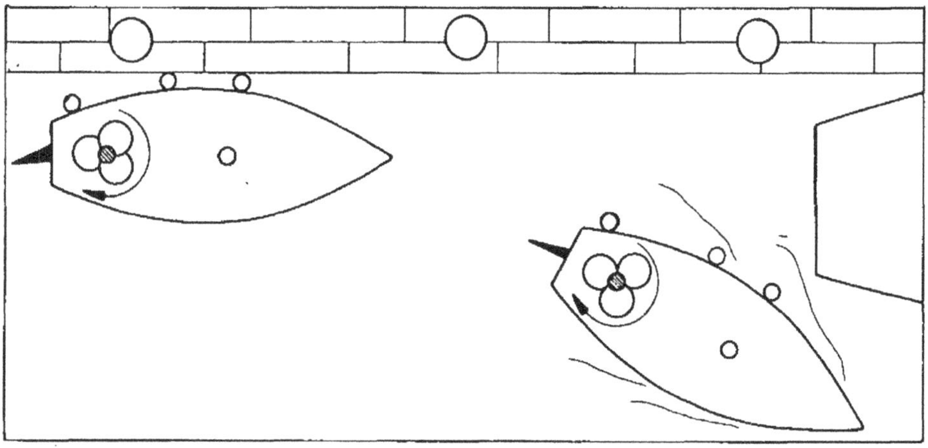

Fig. 55. ... anche se la barca, in assenza di vento, sarebbe libera.

In questo caso lo skipper può salpare solo girando la barca sulla banchina (p. 57), alandola con una cima in un punto piú propizio (p. 53) oppure facendo testa sullo spring (p. 81).

Importante: in tutte le manovre di partenza a motore, il vento gioca un ruolo essenziale. Se il vento soffia da terra, le manovre vengono facilitate in modo decisivo. Dopo che le cime sono state recuperate a bordo, occorre solo attendere, fino a quando il vento allontana la barca dalla banchina, e poi si può partire. Se il vento viene da poppa, gli archi di cerchio che si devono percorrere, partendo dalla banchina, diventano notevolmente piú grandi, cosí che è necessario avere davanti piú spazio a disposizione, in confronto a quando non c'è vento.

Se il vento soffia esattamente da prua, scostare la prua diventa molto piú facile. In questo caso però occorre tenere lo spring di poppa, a doppino, fino all'ultimo, altrimenti la barca verrebbe allontanata di poppa. Nel caso di vento da prua, è particolarmente importante proteggere con cura la poppa, con i parabordi.

Se c'è un forte vento che spinge in banchina, le manovre di partenza, che sono state descritte fino a questo punto, non possono piú essere eseguite. Le barche piú grandi, quando soffia un vento dal mare, anche soltanto di forza 3, non possono piú essere scostate a mano dalla banchina (mezzo marinaio). In questo caso l'unica manovra possibile, molto efficace, che può essere eseguita anche avendo a disposizione un equipaggio ridotto, consiste nel fare testa su uno spring.

Salpare facendo testa su uno spring - banchina a dritta

Saper fare testa su uno spring è cosa di grande importanza, per poter poi usare questo accorgimento nei nostri piccoli porti, solitamente sovraffollati:

1. è una manovra che può essere eseguita in spazi molto ristretti;

2. l'effetto del passo dell'elica, cosí come il vento, svolgono un ruolo meno importante;

3. è necessario solo uno spazio ridotto.

Il principio della manovra di partenza, facendo testa su uno spring, consiste nello scostare la poppa il piú possibile dalla banchina, con l'aiuto della prua fissata con uno spring, in modo che alla fine la barca possa uscire, in retromarcia, anche dal buco piú stretto. Il presupposto per riuscire a « fare testa sullo spring di prua » (fare testa sullo spring di poppa è una manovra inadatta alle barche a vela), è osservare i punti seguenti:

1. la parte anteriore della barca dev'essere ben protetta con i parabordi;

2. lo spring di prua dev'essere a doppino;

3. il motore può essere messo a mezza o a tutta forza avanti, quando lo spring è in tensione;

4. lo spring dev'essere recuperato velocemente e soprattutto senza problemi.

Il lettore dovrebbe mettersi completamente nei panni dello skipper e, con l'aiuto degli ordini, immaginare con esattezza la sequenza della manovra:

Pronti a salpare facendo testa sullo spring.

Quest'ordine viene dato ad un equipaggio affiatato, che sa esattamente quello che occorre fare. Nel caso di un equipaggio meno allenato; si consigliano i seguenti ordini:

Passare tutte le cime d'ormeggio a doppino
Mettere i parabordi a prua e a metà barca.

Si passano tutte le cime d'ormeggio a doppino, perché possano essere regolate da bordo, cioè essere recuperate. In assenza di vento è sufficiente, se lo spring di prua è a doppino.

Cime e parabordi pronti per salpare facendo testa sullo spring

Mollare la barbetta di poppa
Mollare lo spring di poppa
Mollare la barbetta di prua

La barbetta di poppa, lo spring di poppa, la barbetta di prua sono liberi

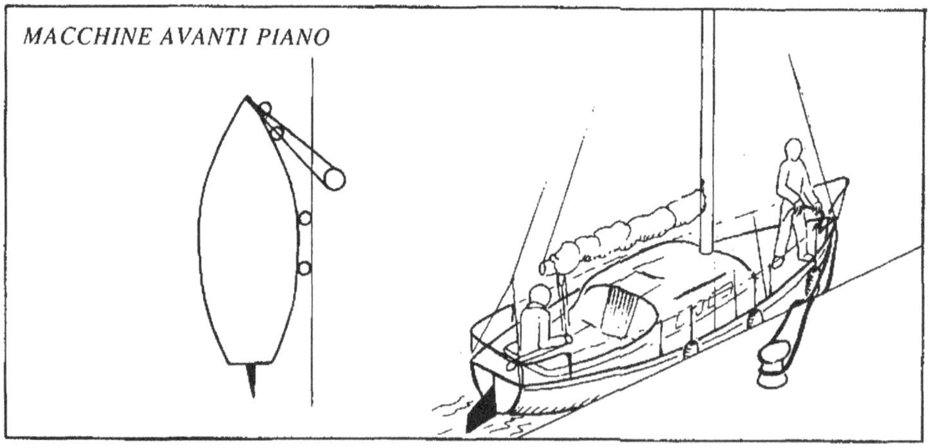

Fig. 56. Avanti piano fino a quando la prua si appoggia alla banchina con lo spring in tensione.

Fig. 57. Solo adesso avanti a mezza forza *e fate attenzione alla posizione del timone.*

Fig. 58. E ancora: motore in folle, indietro piano.

Fig. 59. Solo quando la barca è libera, si può innestare la retromarcia.

La riuscita della manovra dipende, fondamentalmente, dal fatto che la prua sia protetta, adeguatamente, dai parabordi, e che lo spring di prua sia regolato come si deve. Se ad esempio la persona a prua non riesce a recuperare lo spring, perché un occhiello all'estremità impedisce che scorra, senza problemi, attraverso l'anello di ormeggio, la manovra fallisce e la barca resta in balia del vento. In questo caso è sempre meglio gettare la cima in acqua, prima che, nel recuperarla, venga messa nuovamente in tensione.

Il senso di rotazione della barca dipende, in questa manovra, quasi esclusivamente dal punto in cui è fissato lo spring di prua, e dalla posizione del timone. Quanto piú avanti sulla prua è fissato lo spring tanto piú efficace sarà l'effetto rotatorio. Non sono molto adatte, a dare volta allo spring, le gallocce ai due lati della prua di molte barche. Spesso sono talmente distanti dalla prua, che non consentono la rotazione della barca, attorno ad un determinato punto, mentre a causa dell'effetto di leva, si possono esercitare forze tali sullo spring di prua che il pericolo che anche una cima di dimensioni corrette si rompa è elevato.

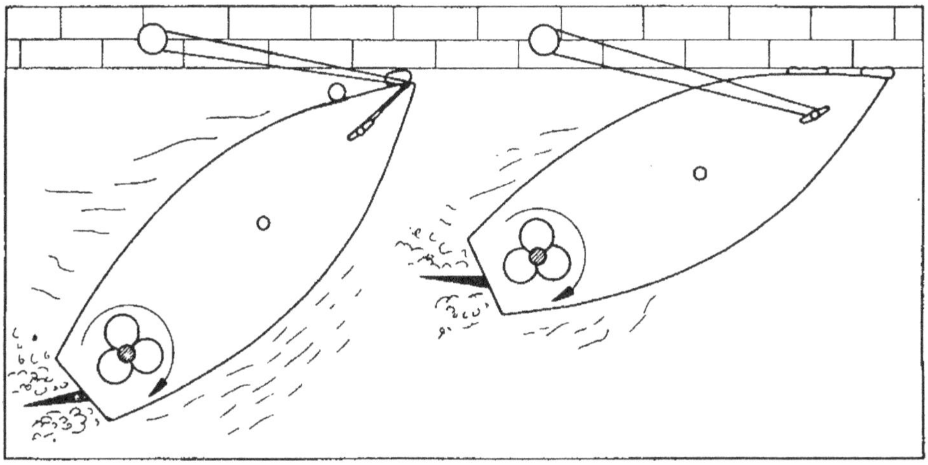

Fig. 60. A sinistra *lo spring agisce al meglio;* a destra *lo spring passa troppo a poppa.*

L'esercizio di fare testa sullo spring può essere eseguito molto bene in banchina, per studiare l'effetto del timone sulla tendenza rotatoria, che in questo caso supera completamente l'effetto del passo dell'elica. Se il timone viene messo in posizione, come se si volesse salire sulla banchina, tutta la barca ruota verso il molo. Mettendo il timone in posizione opposta, si può avvicinare, altrettanto efficacemente, la poppa alla banchina.

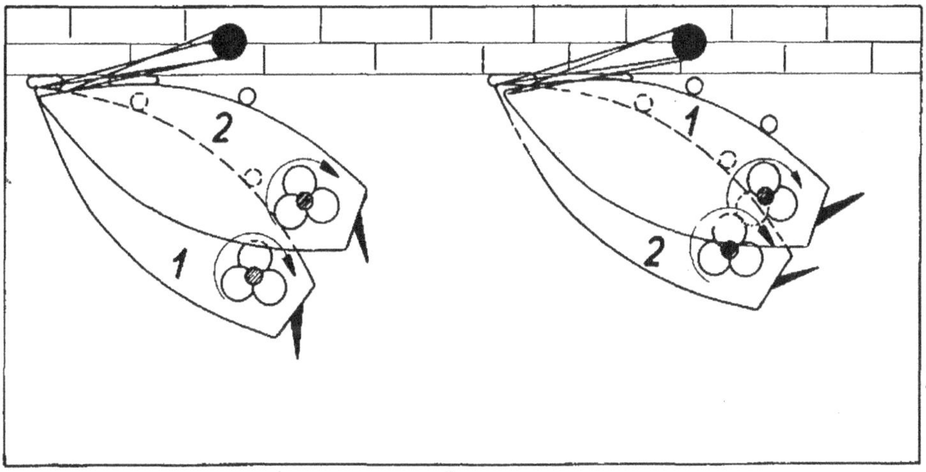

Fig. 61. A seconda della posizione del timone, facendo testa sullo spring, la poppa gira verso la banchina (a sinistra) *oppure si allontana* (a destra).

Il fenomeno per cui il flusso d'acqua, causato dall'elica sul timone, supera non soltanto l'effetto del passo dell'elica, ma, fino ad un certo punto, l'influsso del vento, può essere sfruttato anche per ormeggiare alla banchina, se lo spazio tra due barche rende impossibile avvicinarsi con un angolo di 30°.

Questa manovra non è cosí semplice, come salpare facendo testa sullo spring, perché lo spring di prua dev'essere portato a terra, prima che la barca sia parallela al molo. Non è necessario passare lo spring a doppino, ma è sufficiente passare, come d'abitudine, una cima, con una gassa all'estremità, ad una persona sulla banchina, che la incappelli su di una bitta. Per questo la barca dovrebbe avvicinarsi, con un angolo acuto, al molo e poi, come descritto in precedenza, fare testa sullo spring, mentre la spinta del motore dev'essere utilizzata per girare solo quando lo spring è in tensione. Se a terra non c'è nessuno disposto ad aiutarvi, dovete avvicinare la barca alla banchina con la prua, facendo molta attenzione, in modo che una persona possa saltare a terra dal pulpito.

Per salpare, con un forte vento dal mare, cosí come per la manovra di ormeggio nel caso di vento da terra, fare testa sullo spring può essere l'unica manovra possibile.

Manovre di ancoraggio e di ormeggio a un gavitello

Le manovre di ancoraggio e di ormeggio a un gavitello, a motore, sono le manovre di ormeggio piú facili, perché non c'è pericolo di danneggiare la barca. Tuttavia fa parte del buon comportamento marinaro che, sia il gavitello che il punto di ancoraggio, vengano raggiunti di bolina, come se si eseguisse la manovra a vela. Nell'ancoraggio occorre fare attenzione, quando viene dato l'ordine di *mollare l'ancora*, e filare molto piú di una volta la profondità di catena, se la barca continua ad avanzare sull'ancora, oppure indietreggia, già spinta dal vento. Dopo che è stata fatta filare la lunghezza di cima oppure di catena necessaria (cinque volte la profondità), si fa prendere bene l'ancora sul fondo con l'aiuto del motore. Se l'ancora ha preso e la catena è in tensione, si dà *per alcuni minuti* « tutta forza in retromarcia ». Spesso si osserva che lo skipper evita quest'operazione, per paura di spedare nuovamente l'ancora. Questo è un comportamento ridicolo, poiché dei venti moderati con vivace risacca provocano strattoni molto piú forti.

Nel rimontare l'ancora si aiuta la persona a prua con il verricello dell'ancora, avanzando piano a motore nella direzione della stessa. Altrimenti la persona a prua, non solamente deve recuperare la pesante catena, ma anche alare la barca sull'ancora. Anche nel caso di un salpa-ancora elettrico, si procede nello stesso modo, per risparmiare corrente. Infatti quanto piú lavoro deve fornire il verricello, tanto piú vengono sollecitate le batterie. Raramente la prestazione del generatore infatti è sufficiente per produrre tutta la corrente necessaria al verricello dell'ancora.

Ridurre al minimo il tempo che intercorre tra il momento in cui l'ancora è spedata, e quello in cui viene recuperata a bordo, è cosa particolarmente importante, in quanto in questo periodo la barca non è praticamente manovrabile ed è in balia del vento. Se l'acqua è poco profonda, questo solitamente non è un problema, tuttavia se la profondità è superiore a 20 metri, può essere necessario un bel po' di tempo, perché la persona a prua recuperi a bordo la pesante catena e l'ancora, con l'aiuto del verricello dell'ancora, notevolmente sottodimensionato.

Ormeggiare « all'italiana »

Nella maggior parte dei porti del Mediterraneo solitamente si ormeggia « all'italiana ».

La manovra non è molto facile, solo perché il velista può trovare condizioni di straordinario affollamento, e quindi vi è un elevato pericolo di impigliare l'ancora. Tranne che con vento forte, lo skipper non deve risalire il vento (come in precedenza), ma la poppa deve puntare esattamente lo spazio libero in cui la barca deve entrare. Occorre fare attenzione alla direzione dei cavi e delle catene delle altre barche, per evitare che la nostra ancora finisca sopra quelle degli altri. La conseguenza non sarebbe solo che l'ancora non tiene, ma quasi certamente anche l'altra ancora si spederebbe. Se questa disavventura dovesse realmente accadere, occorre informare lo skipper della barca e fare in modo di far prendere nuovamente l'ancora.

Nell'ormeggiare « all'italiana » è necessario tenere conto che la lunghezza del cavo, oppure della catena, è esattamente stabilita dalla distanza del punto di ancoraggio dalla banchina, e che quindi in caso di necessità non si può dare piú catena. Nel caso in cui l'ancora arasse e il vento premesse sulla barca, si devono mettere in conto gravi danni alla poppa e al timone. Nella manovra di ancoraggio abituale raramente si è consci di questo pericolo, perché in generale c'è la possibilità che l'ancora, arando, faccia nuovamente presa. Una volta mollata l'ancora, si fa retromarcia a motore, con attenzione, in direzione della banchina, mentre contemporaneamente si lascia filare, in modo controllato, la catena, che in nessun caso deve scorrere via. Per esperienza posso affermare che manovrare per entrare nel « buco », richiede molta pazienza, soprattutto considerando le difficoltà che molte barche hanno ad indietreggiare. Perciò non è una vergogna, se la barca sfugge continuamente su di un lato, e la distanza tra l'ancora e la banchina diminuisce inizialmente solo di poco. Quando alla fine si arriva con la poppa all'altezza del pulpito di prua della barca vicina, portate assolutamente a terra una cima di ormeggio, con l'aiuto del vicino, oppure passando su di un'altra barca. Il resto della distanza la si percorre, alando la barca, sulla cima di poppa.

Importante: non appena avete fissato la barbetta di poppa, occorre tesare il piú possibile il cavo oppure la catena dell'ancora, con l'aiuto del verricello. Solo cosí potete verificare se l'ancora tiene in modo sicuro, in ogni condizione di risacca, di vento o di corrente. Un cedimento, anche solo di due metri, è già sufficiente per distruggere il timone contro la banchina!

Se possibile, è meglio evitare di avvicinarsi troppo con la poppa alla banchina. Se non disponete di una passerella, è sufficiente una semplice tavola per superare la distanza di sicurezza, necessaria a separare il timone dalla banchina. Con cattivo tempo e molta risacca in porto, non dovete esitare ad alare la barca sull'ancora e superare i cinque metri dal molo con il battellino.

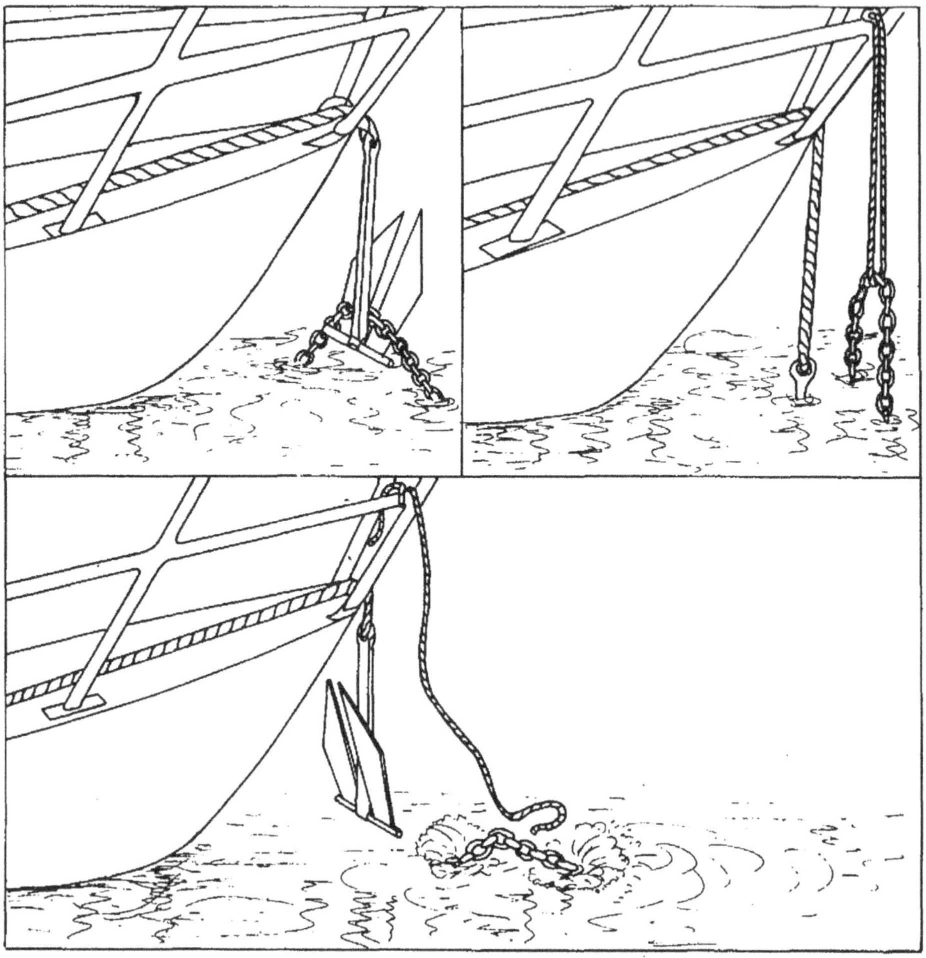

Fig. 62. Cosí ci si aiuta quando la propria ancora si impiglia nella catena di un'altra barca: la catena viene « pescata » con una cima.

Consiglio a coloro che hanno difficoltà a manovrare in retromarcia dall'ancora, il metodo seguente, che è solo in apparenza scomodo: si procede come prima per ancorare, si spegne il motore e si mette in acqua il battellino. Con questo si porta, attraverso il buco, una cima in banchina, sulla quale si ala poi lentamente la barca, con l'aiuto del winch del genoa.

Sia a motore che alando la barca con una cima, occorre disporre ai lati della barca parabordi a sufficienza. Nei porti del Mediterraneo è abituale doversi insinuare, con cautela, tra due barche molto vicine.

Salpare « all'italiana »

Quando si salpa, si tiene la barca assolutamente sotto controllo con l'aiuto della cima di poppa passata a doppino e del cavo dell'ancora, fino a quando la poppa è libera dalle prue delle barche vicine. Nel caso di vento al traverso, questa operazione può comportare un bel lavoro, perché la cima d'ormeggio e il cavo dell'ancora devono essere mantenuti in tensione, perché restino efficaci. È meglio se, dall'inizio, si porta una cima di poppa a doppino, sopravvento. Con il motore acceso potrà essere messo in marcia solo quando il cavo dell'ancora e le cime saranno libere da quelle delle altre barche.

Non sempre questo tipo di manovre si conclude come da manuale. Spesso succede che l'ancora, quando viene spedata, si impigli nella catena di un'altra barca. In questo caso si passa una cima sotto la catena e si cerca di liberare l'ancora.

Ovviamente è piú complicato, quando il cavo dell'ancora del vicino passa sopra il nostro. In questo caso si cerca di sollevare con il mezzo marinaio il cavo dell'altra barca, per assicurarlo temporaneamente al pulpito con l'aiuto di una cima. Successivamente c'è una sola possibilità per liberare la propria ancora: passare la catena della nostra ancora sotto l'altro cavo. Nel caso si tratti di un cavo, questo non è un problema, una catena al contrario richiede almeno una o due ore di duro lavoro.

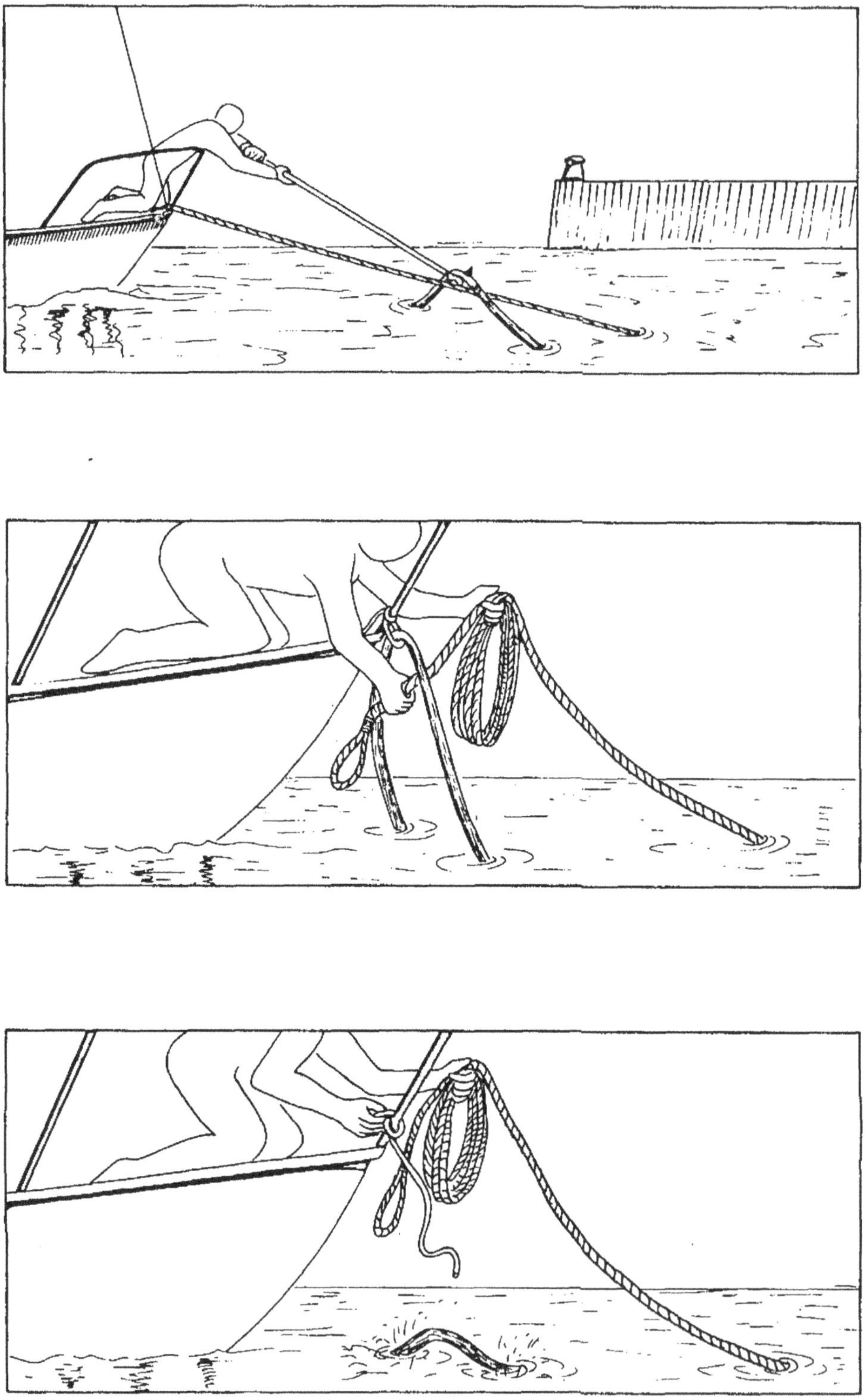

Fig. 63. In questo caso un'altra barca ha dato fondo di traverso al nostro cavo dell'ancora. Non rimane che ripassare il nostro cavo: con una catena sarebbe un bel lavoro.

Capitolo VI
LE MANOVRE A VELA IN PORTO

Nota: non eseguire alcuna manovra sotto la pressione del tempo!

Le manovre in porto a vela sono l'alta scuola dello yachting. Fino agli anni '50 era considerato poco sportivo, eseguire le manovre di arrivo e di partenza a motore, per lo meno tra i vecchi velisti. Mentre prima della seconda guerra mondiale nessuna barca da crociera era provvista di motore, oggi solo raramente si vedono barche di grandi dimensioni arrivare in porto e ormeggiarsi a vela. In generale le manovre in porto vengono eseguite a motore.

Tutti i velisti dovrebbero essere in grado di entrare in porto con la propria barca, in sicurezza, e ritornare al solito ormeggio in banchina, anche se di fatto utilizzeranno di rado questa manovra, che è tuttavia dimostrazione di abilità marinara. Può sempre succedere che il motore si guasti e che lo skipper sia costretto ad arrivare in banchina e salpare, con l'aiuto del vento.

Le manovre in porto a vela non sono neanche particolarmente difficili. Tuttavia la loro esecuzione, perché possa riuscire, presuppone le seguenti condizioni:

1. l'equipaggio deve avere una buona intesa (linguaggio marinaresco!) e seguire esattamente le indicazioni dello skipper;

2. le manovre devono essere state provate e messe in pratica piú di una volta;

3. lo skipper deve conoscere esattamente il comportamento della sua barca a vela;

4. le condizioni della barca devono essere perfette (una cima d'ormeggio annodata è altrettanto inaccettabile dei canestrelli della randa, che restano incastrati nella canaletta, se non è ben lubrificata).

Nella maggior parte dei casi le dimensioni dell'equipaggio non sono decisive. Quasi tutte le manovre, descritte in questo capitolo, possono essere eseguite da due persone o addirittura in solitario, se sono state pianificate sufficientemente.

Tuttavia lo skipper deve sempre avere presente che una manovra a vela, una volta avviata, non può essere fermata in qualunque momento. Quindi, nella maggior parte dei casi, non c'è la possibilità di tornare indietro, e le conseguenze possono essere catastrofiche, se si veleggia verso la banchina, seguendo il motto: « Vedremo come va a finire ».

Ancora un ultimo avvertimento: fino a quando non si padroneggia bene una manovra, non la si dovrebbe, in nessun caso, eseguire in un porto affollato e con molto vento, quando possono essere messe in pericolo altre barche, oppure altre persone. Per esercitarsi le condizioni ottimali sono un vento regolare, quindi non a raffiche, e un porto quasi deserto.

Tra l'altro: se non si padroneggia bene una manovra, in caso d'emergenza (motore in panne) è sempre di aiuto la seguente via di uscita: si entra in porto a vela e si ancora in un qualunque punto. Si può poi alare la barca con calma, in un posto qualsiasi con l'aiuto di una cima a terra. Se andate a leggere la vecchia letteratura velica, vi renderete conto che i nostri veterani della vela avevano intrapreso viaggi notevoli, in un'epoca in cui i motori ausiliari erano una rarità a bordo delle barche a vela, oppure rifiutavano sempre di mettersi in moto. Il navigatore norvegese Eric Tambs, ad esempio, durante il suo famoso viaggio a bordo del *Teddy*, dalla Norvegia alle Figi, non ormeggiò una sola volta ad un molo. Ogni volta si faceva rimorchiare da altre barche, oppure dava fondo in un qualche punto del porto. Il presupposto di tutto questo è naturalmente un battellino, che fa comunque parte dell'attrezzatura fondamentale di ogni barca, anche in acque in cui solitamente si ormeggia in banchina.

Ormeggiarsi a un gavitello

Per la manovra di ormeggio a un gavitello a vela c'è una ricetta « brevettata », che mi è stata mostrata molti anni fa da due pescatori e che ho messo in pratica centinaia di volte. Non è la solita manovra in filo al vento. Anche quando il gavitello è assicurato con una catena, relativamente lunga, una manovra in filo al vento raramente può essere calcolata in modo talmente esatto, che il tempo, durante il quale la barca avanza sull'abbrivio verso la boa, è sufficiente per dare volta alla catena a bordo. La seguente manovra è molto piú sicura:

per rallentare al massimo la velocità e facilitare il lavoro a prua, si ammaina il fiocco con largo anticipo. Ci si avvicina poi lentamente al gran largo – se il vento è regolare, persino di pop-

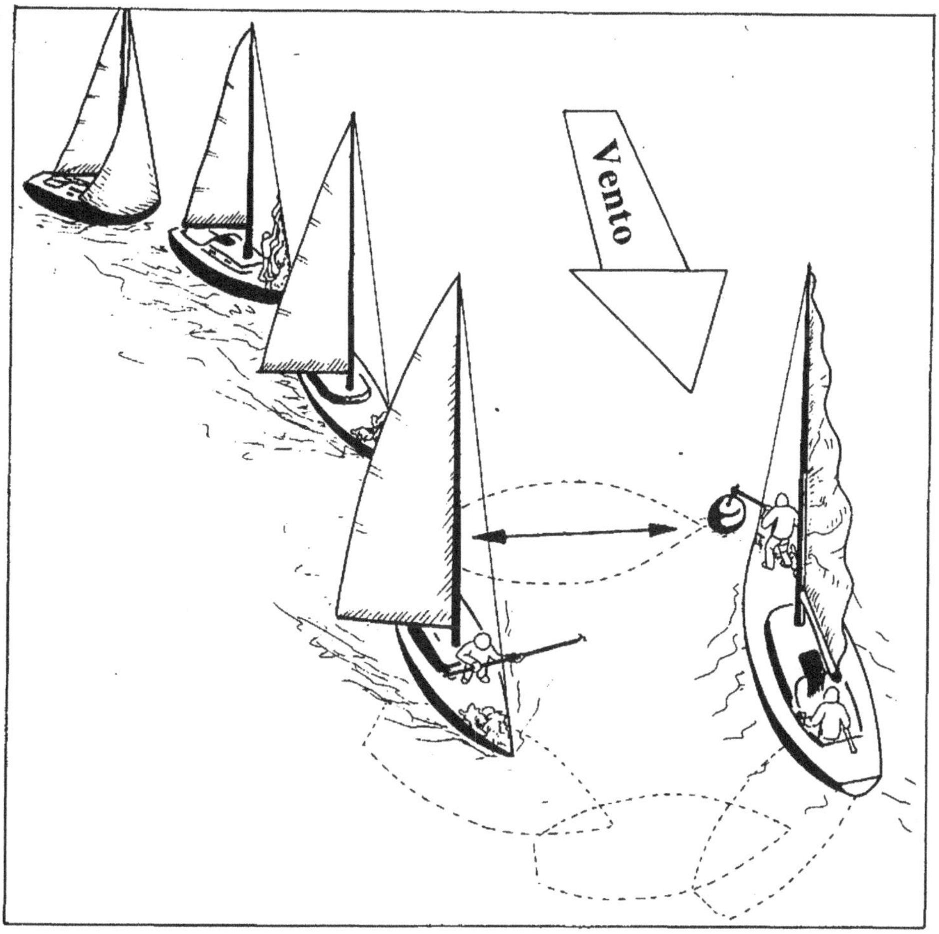

Fig. 64. La cosa importante in questa manovra è di arrivare al portante e di orzare esattamente, quando il gavitello è rigorosamente al traverso del timoniere.

pa – al gavitello e lo si supera ad una distanza di una lunghezza di barca. Non appena il timoniere ha il gavitello al traverso, orza decisamente. Questo rapido cambiamento di direzione fa perdere alla barca tutta la velocità e fa sí che la barca si fermi, con grande probabilità, esattamente con la prua, sul gavitello, abbastanza a lungo per recuperare la cima. Un'espressione adatta: « La barca gira a vuoto ».[1]

[1] Questo metodo non può essere impiegato, soprattutto con vento forte, con le derive: pericolo di scuffia!

Questa manovra ha il grande vantaggio, che la distanza di « una lunghezza di barca al traverso » è corretta per qualsiasi barca - indipendentemente dal peso. Può tuttavia essere eseguita a partire da un'andatura portante, cosa che ovviamente non è sempre possibile nei porti affollati.

Ancorare

Prima di ancorare a vela, si compie un giro di ispezione nella zona in cui si pensa di ancorare, e si stabilisce con l'ecoscandaglio la profondità, ed eventualmente con lo scandaglio a mano le caratteristiche del fondale. Poi si prepara la lunghezza di catena necessaria.

Per ancorare consiglio la stessa tecnica, che abbiamo visto per la presa del gavitello: mettersi prua al vento da un'andatura portante. Rispetto alla solita manovra, per mettersi prua al vento e partire da un'andatura qualsiasi, questo metodo presenta due vantaggi decisivi:

1. dopo aver ammainato il fiocco in anticipo, si ha spazio sufficiente per lavorare a prua, cosa che è particolarmente importante per le manovre d'ancora;

2. la barca può essere fermata esattamente nel punto che era stato sondato in precedenza.

Uno degli svantaggi di questa manovra: al contrario della solita manovra prua-al-vento, nella fase finale, non si può piú controllare da quale parte finirà la prua, se ad esempio l'ancora non viene mollata in tempo. Questo però non dovrebbe succedere con un equipaggio attento!

Non appena l'ancora tocca il fondo, la sua capacità di presa è inesistente. L'ancora morde solo quando è stata distesa una lunghezza sufficiente di catena. Per questo motivo il timoniere deve fare attenzione fino a questo momento che la scotta della randa, che sbatte, non si impigli, ad esempio, in un winch o qualcosa di simile, e in tal modo la randa venga involontariamente cazzata e la barca riprenda velocità. Però è altrettanto sbagliato ammainare la randa, non appena mollata l'ancora. Se l'ancora non dovesse tenere, ci servirà per ripartire.

Partire da un gavitello

È un imperativo di capacità marinara partire da un gavitello, oppure da un pilone sul quale ci si è alati, solamente sulle mure decise in precedenza. A questo scopo la barca deve essere fatta girare sufficientemente, in modo che, non appena mollata la cima di ormeggio, le vele cazzate si gonfino immediatamente e la barca prenda velocità.

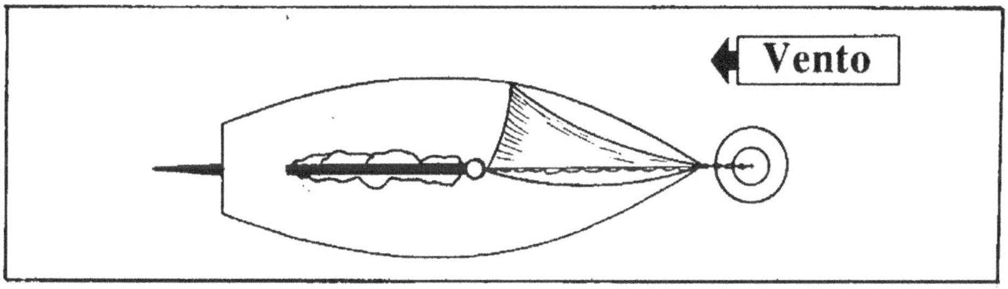

Fig. 65. Nella manovra di partenza da un gavitello il fiocco a collo è alquanto inefficace (diversamente dalla virata).

Un sistema inadatto a questo scopo è mettere il fiocco a collo, come frequentemente si osserva fare. Dopo che la prua è stata fissata con la cima di ormeggio in un punto fisso (corpo morto), il centro di rotazione viene a trovarsi davanti alla prua, e quindi l'effetto di leva del fiocco a collo è talmente ridotto che, in questo caso, non riesce a produrre praticamente alcun effetto di rotazione - diverso è il caso della virata, dove è molto efficace.

È molto piú corretto scontrare la randa, mentre il fiocco è incocciato, ma non issato.

Supponiamo che la barca debba partire mure a dritta, perché a sinistra lo spazio non è sufficiente per manovrare:

La randa può essere scontrata solo con una ritenuta (p. 16). Il boma viene spinto sempre dal lato sul quale si vuole partire, quindi in questo caso a dritta.

Pronti a issare la randa
La randa è pronta per essere issata
Armare la ritenuta a dritta
La ritenuta è a posto
Issare la randa

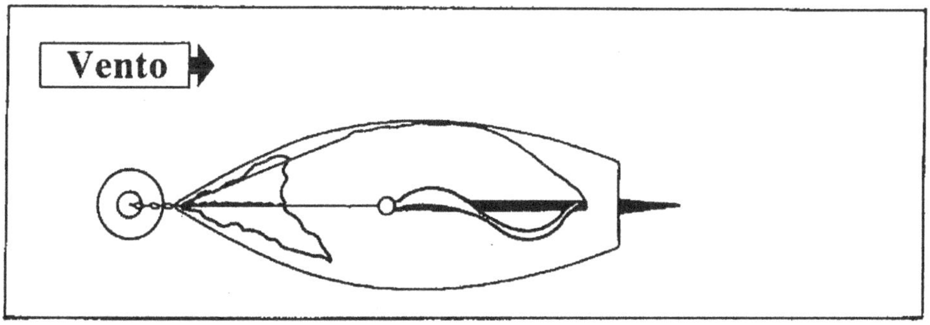

Fig. 66.

Mettere in chiaro la cima di ormeggio
La cima è in chiaro
Scontrare la randa a dritta

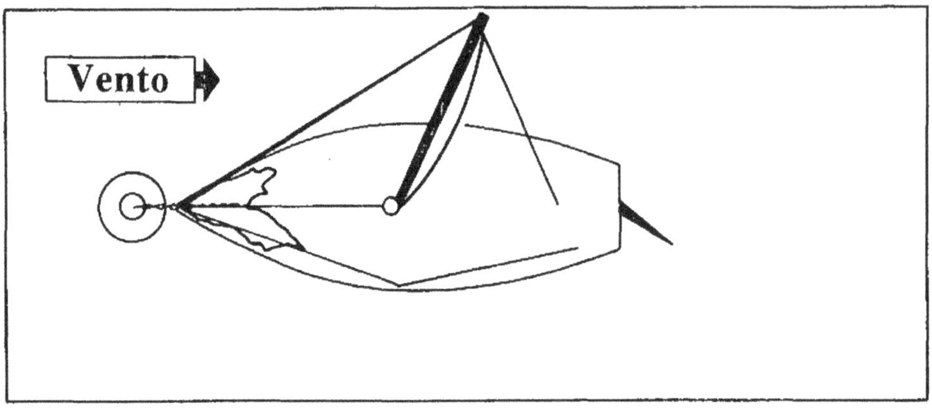

Fig. 67.

Mettendo la randa a contro la poppa, viene lentamente spinta a sinistra. È sufficiente che la barca si metta leggermente di traverso al vento, in modo che piú tardi il vento, cazzando le scotte, possa gonfiare la randa da sinistra. Solo ora si dà l'ordine.

A questo punto la barca inizia ad indietreggiare. Per accentuare ulteriormente questa tendenza, si mette il timone come per la retromarcia, cioè a sinistra - mantenendo la randa a contro.

Solo quando la retromarcia è quasi finita (il timoniere deve osservare attentamente la superficie dell'acqua, ed eventualmente sputare!), si danno gli ordini seguenti, che devono essere eseguiti immediatamente:

Fig. 68.

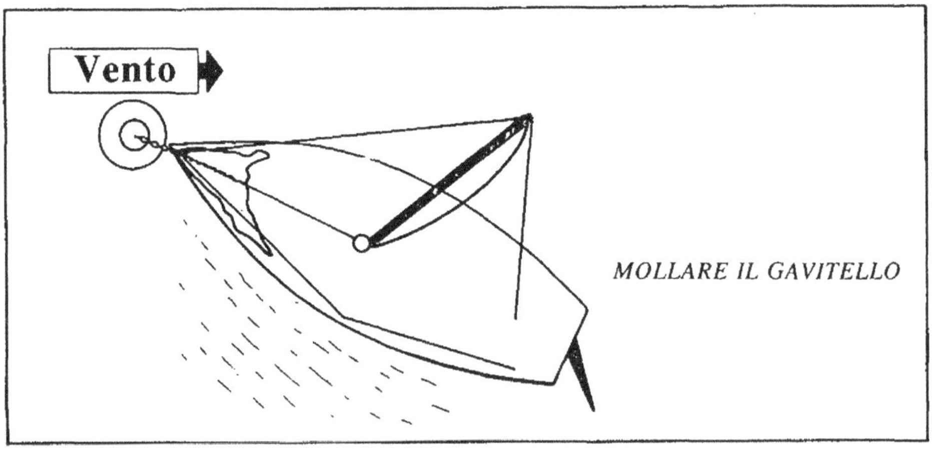

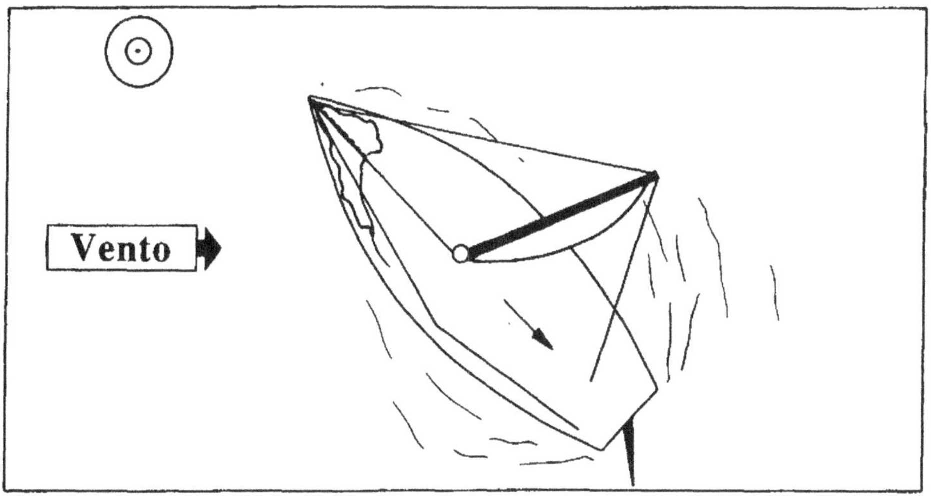

Fig. 69.

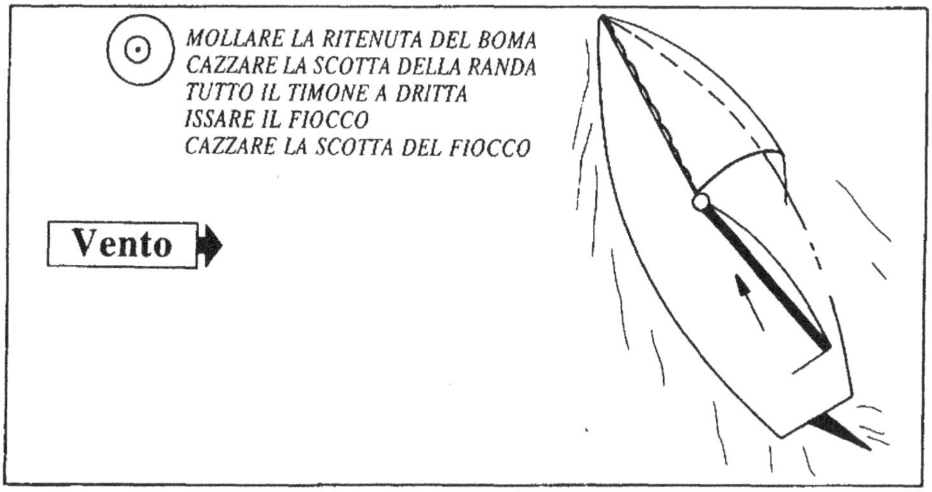

Fig. 70.

Salpare l'ancora

Salpare l'ancora a vela è una manovra tanto importante quanto difficile. Poiché la rotazione con la randa a contro si può avviare solo quando il cavo dell'ancora è a picco, quindi l'ancora sta per essere spedata e ha perciò una tenuta molto ridotta, esiste il pericolo che l'ancora venga disincagliata dal fondo troppo presto. Se cede prima del tempo, occorre dare immediatamente catena e ricominciare la manovra da capo.

Non ha senso non tendere a picco il cavo o la catena dell'ancora, perché per spedare l'ancora si perderà nuovamente tutto l'effetto di rotazione guadagnato mettendo la randa a contro.

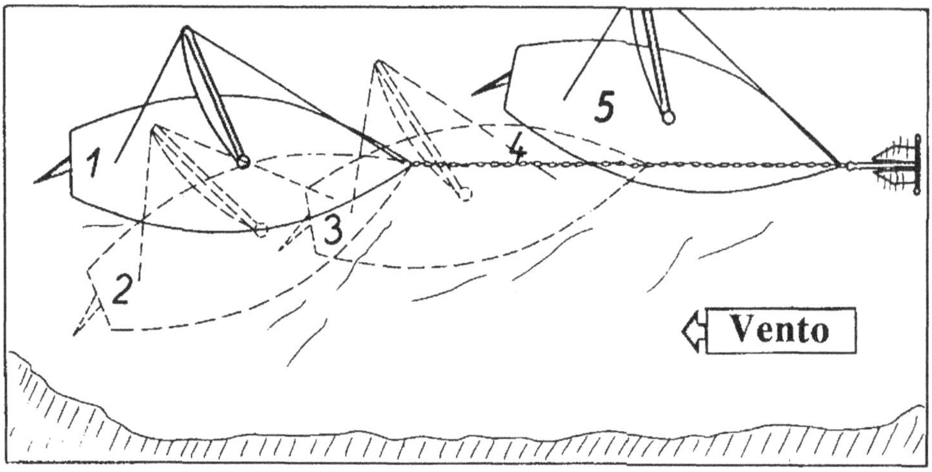

Fig. 71. Sbagliato! Quando la barca non è vicina all'ancora, non ha senso scontrare la randa; nel recuperare il cavo si perde infatti l'effetto di rotazione oppure la barca, quando si stacca l'ancora, finisce addirittura sulle altre mure.

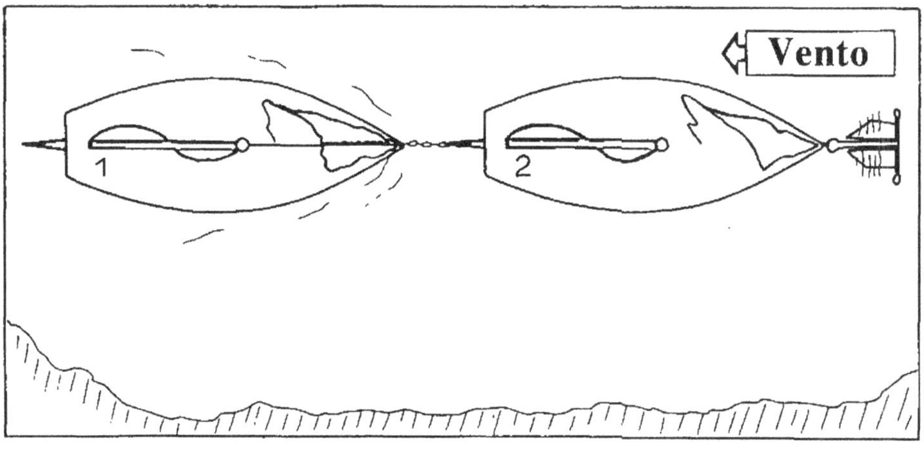

Fig. 72.

Pronti ad issare la randa
Pronti ad armare la ritenuta del boma a sinistra
La randa e la ritenuta sono pronte
Issare la randa
Mettere l'ancora a picco

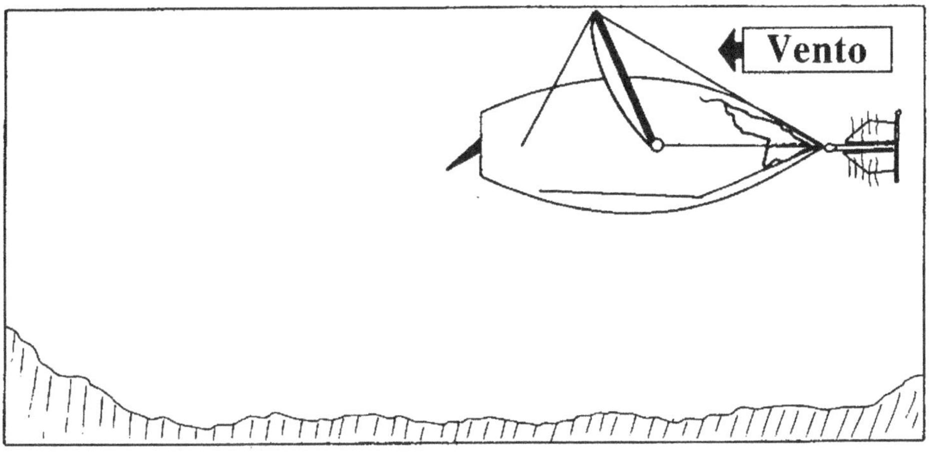

Fig. 73.

L'ancora è a picco
Randa a sinistra

Salpare l'ancora a vela corrisponde alla manovra di partenza dal gavitello: il pericolo maggiore, in questo caso, è che l'ancora si stacchi troppo presto.

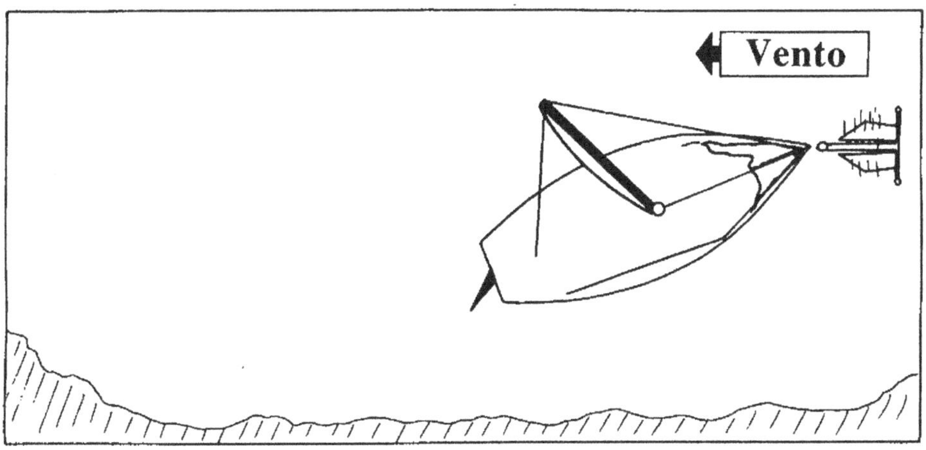

Fig. 74.

Tutto il timone a dritta
Recuperare l'ancora

L'ancora è libera

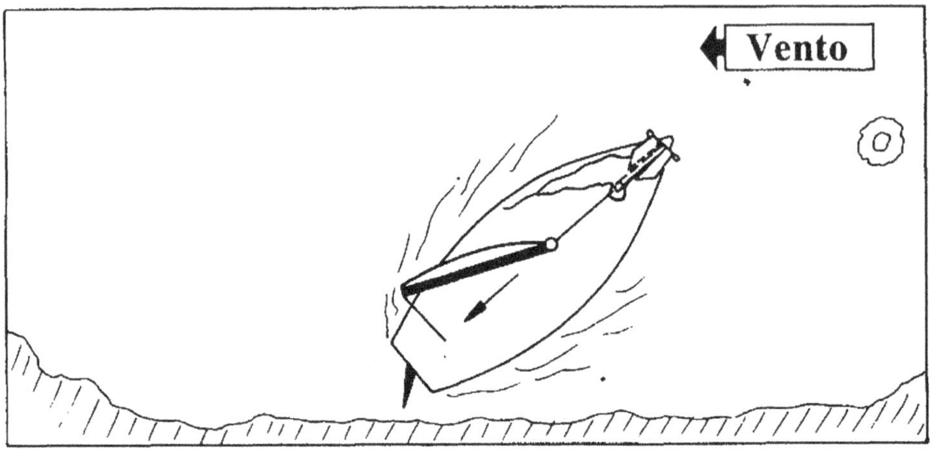

Fig. 75.

Mentre la barca indietreggia, si deve recuperare il piú velocemente possibile la catena e riprendere a bordo l'ancora, perché in questo momento la barca è estremamente difficile da manovrare.

Cazzare la scotta della randa
Tutto il timone a sinistra

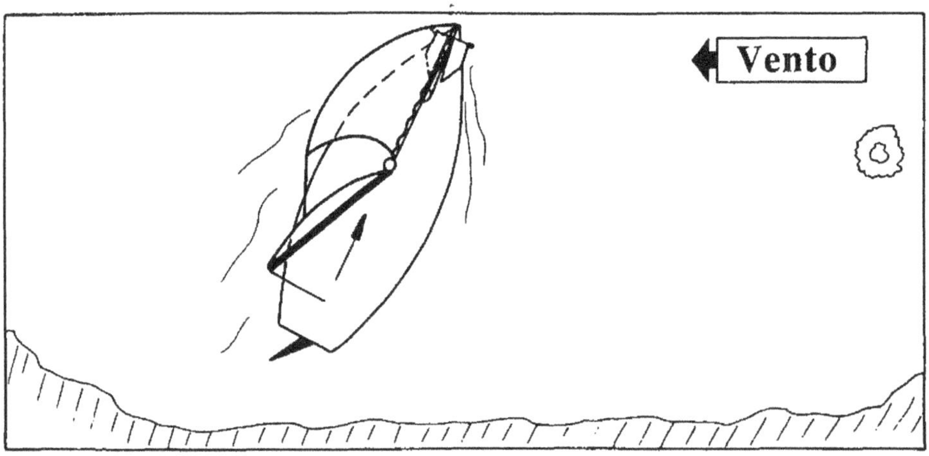

Fig. 76.

Solo a questo punto si può issare il fiocco. Se viene issato già all'inizio della manovra, vi è il pericolo che il fiocco « assassino » possa ferire la persona che lavora a prua (moschettoni!) oppure che l'ulteriore pressione del vento faccia spedare l'ancora troppo presto.

Manovre di ormeggio

L'effetto della randa scontrata, sulla velocità di una barca di grandi dimensioni, è talmente ridotto che questo metodo non può essere utilizzato per fermare la barca in una manovra di ormeggio. L'arresto di una barca che avanza può avvenire *solamente* con le cime!

Molto importante: una barca dev'essere fermata solo con una cima (a bordo!) che va nella direzione opposta a quella di avanzamento: in avanti con la cima di poppa, in retromarcia con quella di prua.

È essenziale esercitarsi nell'arresto della barca con l'aiuto delle cime, prima di eseguire una manovra di ormeggio a vela. Occorre avere ben presente l'importanza della cima di poppa, in una manovra di ormeggio a vela. Se non si riesce a fermarla, la barca sfrega, con la massa di un autotreno in movimento, lungo la banchina, nella direzione delle altre barche, senza che ci sia la possibilità di fermarla prima che finisca contro.

La cima di poppa deve perciò essere sempre preparata, in modo che sia sufficiente incappellare la gassa sulla bitta di ormeggio. La cosa migliore è che sia sovradimensionata. Se anche in questo caso non riesce a passare, la soluzione di emergenza da adottare è la seguente:

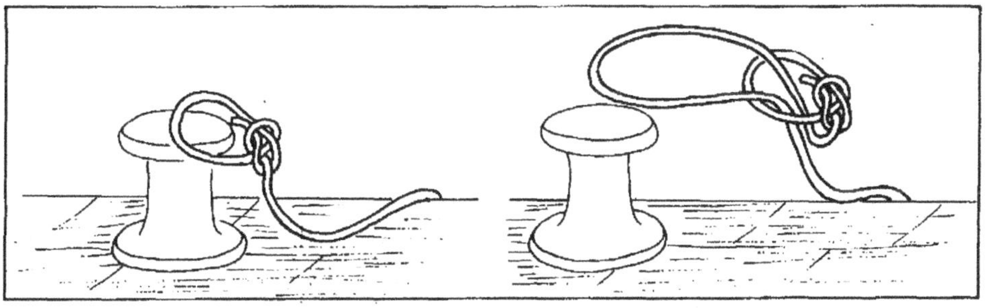

Fig. 77. Quando avete fretta, e la gassa non passa sulla bitta, fate in questo modo.

La cima di poppa deve portare direttamente alla galloccia di poppa - quindi passando sotto la battagliola. La sua regolazione richiede assolutamente una persona. Se fosse assicurata alla galloccia, la barca, anche a velocità ridotta, verrebbe fermata in modo talmente brusco che la poppa verrebbe tirata con grande violenza contro la banchina. Si deve perciò frenare la barca gradualmente con la cima di poppa. A seconda delle dimensioni della galloccia e della cima, può essere necessario a questo scopo un mezzo otto, un giro oppure un otto completo. Se la cima è troppo corta per passare sulla galloccia, la forza muscolare non è sufficiente per trattenere il peso della barca; se la cima è troppo lunga, lo strattone può essere estremamente forte, quando la barca avanza.

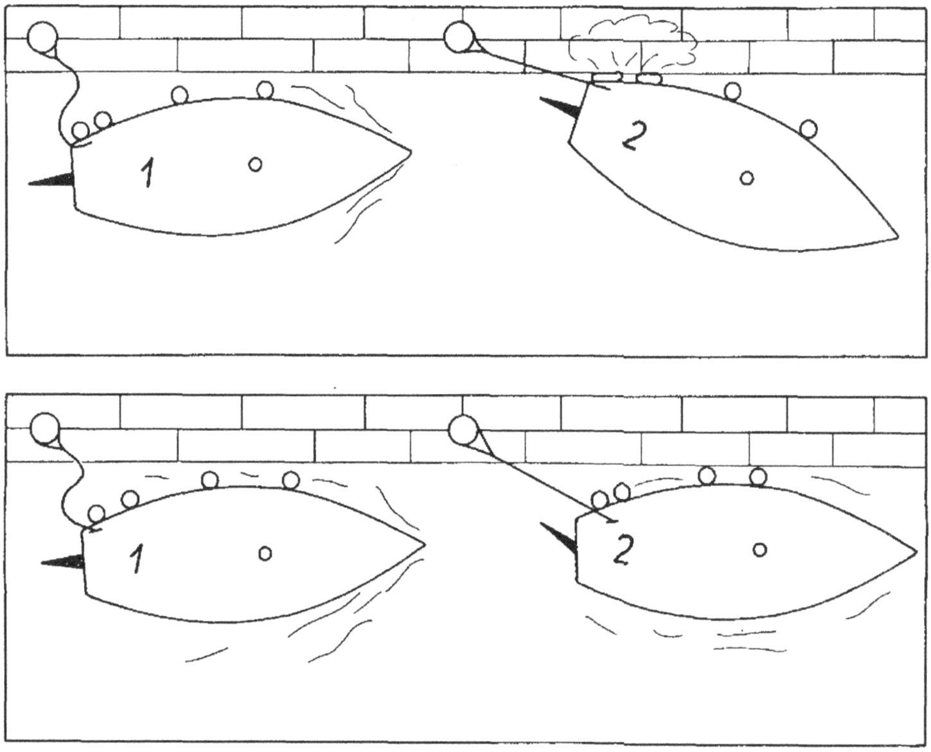

Fig. 78. Avanzando sulla cima di ormeggio la poppa viene tirata verso la banchina (sopra)*; questo strattone dev'essere compensato dal timoniere con il timone* (sotto).

La misura giusta dev'essere trovata con la pratica. Ad ognuno posso solo consigliare di esercitarsi frequentemente, nel fermare la barca con la cima di poppa in condizioni favorevoli, per acquisire la necessaria sicurezza. Solo allora lo skipper può osare cimentarsi con una manovra di ormeggio a vela.

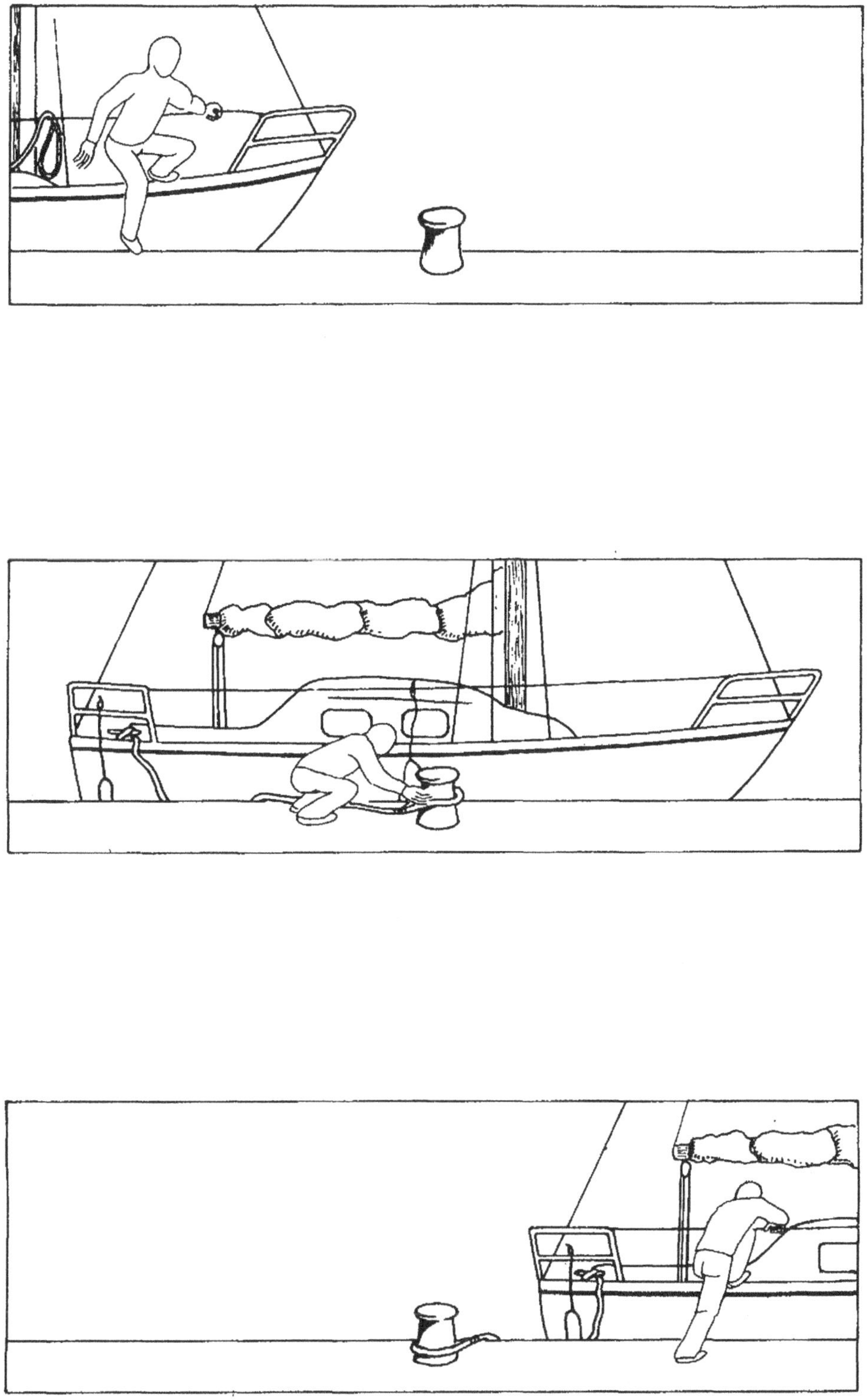

Fig. 79. Se la cima di poppa è stata ben preparata anche un navigatore solitario può ormeggiare una barca a vela in banchina con l'aiuto delle cime.

È importante che nel frenare la barca, con la cima a poppa, ci siano parabordi sufficienti, che l'arresto avvenga gradualmente, ciononostante ci sarà sempre un leggero strattone verso la banchina. Tuttavia, dando timone a fondo (con la pala verso la banchina) può essere compensato.

La cosa migliore è quella di esercitarsi a frenare la barca, inizialmente nelle manovre di ormeggio a motore. La velocità di avvicinamento alla banchina dev'essere talmente ridotta, che una persona possa saltare sulla banchina all'altezza delle sartie ed incappellare la gassa su di una bitta. Se la cima di poppa è stata ben preparata, la persona ha eventualmente il tempo per ritornare poi a bordo, a regolare la cima di poppa.

Anche se è questione di un po' di fortuna, nelle manovre di ormeggio a vela si dovrebbe far sí che la barca arrivi - in modo simile alle manovre a motore - in banchina con solo l'abbrivio sufficiente perché si senta appena l'effetto del timone. Se la velocità è troppo scarsa non è possibile, come a motore, ricominciare, bensí la barca deriva a seconda del vento - e questo può avere gravi conseguenze. Quindi vale la regola: meglio arrivare un po' troppo veloci che troppo lenti.

Perché è cosí importante, lo ripeto: la randa può essere ammainata in porto solo in filo al vento o quasi. Subito dopo dev'essere legata, per lo meno provvisoriamente, in modo che la tela tolga, il meno che sia possibile, la visuale allo skipper.

Accostare con vento da terra

L'ormeggio, con vento da terra, è la manovra a vela relativamente meno rischiosa. Se ad esempio si sbaglia il passaggio della cima, cosa che, in altri casi, potrebbe avere conseguenze catastrofiche, lo skipper ha ancora la possibilità di cambiare direzione prima della banchina e ricominciare la manovra, se c'è spazio sufficiente nel porto.

Pronti ad accostare a dritta

Un equipaggio allenato lega quattro parabordi con un parlato e mette in chiaro la cima di poppa, pronta per essere passata a terra per rallentare la barca. Conviene passare la cima di poppa sotto la battagliola e il piú a prua possibile, in modo che, passandola subito, si guadagna piú tempo. I parabordi si mettono al baglio massimo e soprattutto a poppa.

Pronti ad ammainare il fiocco
Il fiocco è pronto per essere ammainato
Ammainare il fiocco

Pronti ad ammainare la randa
La randa è pronta per essere ammainata
Orzare[1]
Ammainare la randa
Timone tutto a sinistra

Timone tutto a sinistra
Passare le cime
Dare volta alla barbetta di poppa
Recuperare la barbetta di prua
Mettere i parabordi al baglio massimo

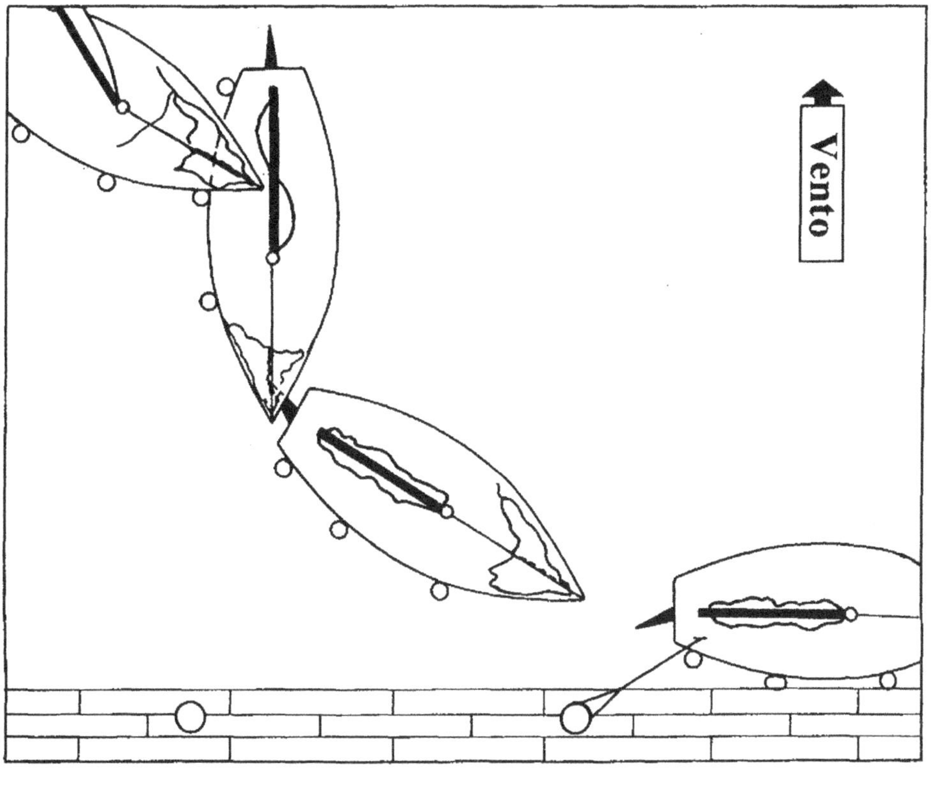

Fig. 80. A seconda delle caratteristiche di bolina della barca questa manovra si esegue con la randa oppure con il fiocco.

[1] L'ordine «prua al vento» in questa situazione sarebbe sbagliato perché il timoniere, dopo che la randa è stata ammainata, deve assolutamente poggiare a sinistra.

Ogni manovra di accosto a vela in banchina ha successo o fallisce per qualche motivo, quando si porta a terra la cima di poppa. Se per una ragione qualsiasi va male, si deve interrompere subito la manovra. Se la cima di prua è stata già assicurata, la si deve sciogliere immediatamente, perché quando la barca avanza sulla cima di prua, la parte anteriore viene tirata verso la banchina.

Accostare con il vento parallelo alla banchina

Se il vento soffia parallelamente alla banchina, la manovra dev'essere eseguita in modo da accostare prua al vento.

Pronti ad ammainare il fiocco
Il fiocco è pronto per essere ammainato
Ammainare il fiocco

Pronti ad ammainare la randa
La randa è pronta per essere ammainata
Lascare la scotta della randa

Ammainare la randa
Passare le cime

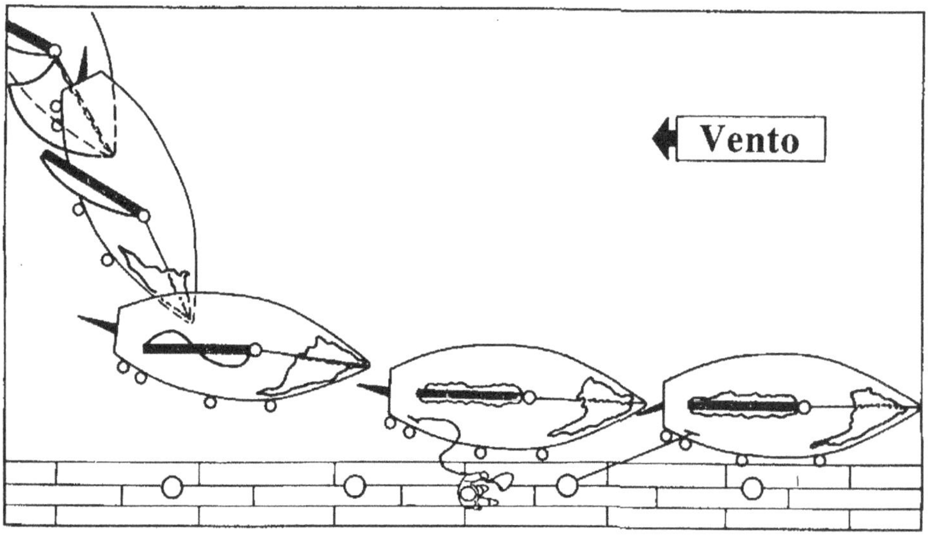

Fig. 81. Come in tutte le manovre di accosto, anche in questo caso tutte le vele devono essere ammainate prima che la barca raggiunga la banchina.

Occorre tenere conto in partenza del cerchio di evoluzione, in modo che, in caso d'emergenza, la barca possa (se il passaggio a terra della cima non riesce), con l'abbrivio rimasto, passare il letto del vento. In questo modo è possibile evitare danni se la manovra fallisce.

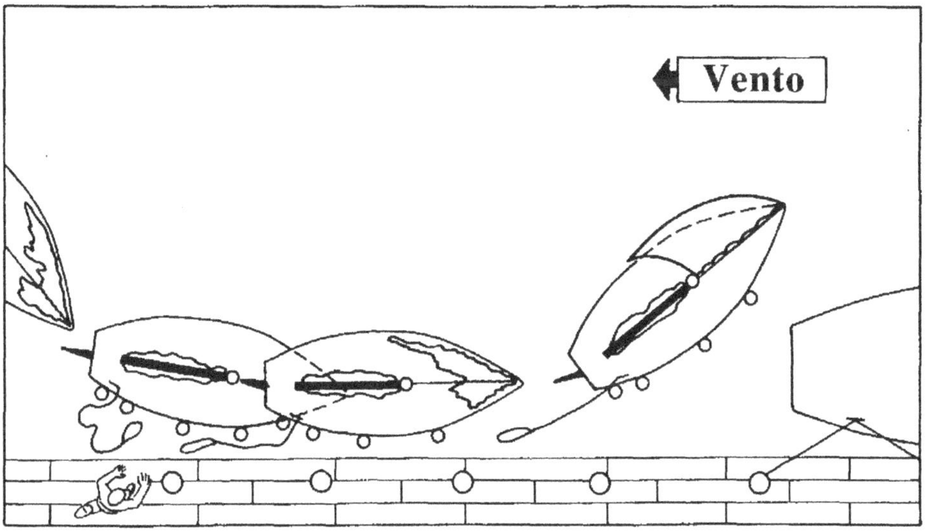

Fig. 82. In questo caso lo skipper ha concepito la manovra in modo da poter ancora virare se il passaggio della cima non riesce; non sempre però c'è spazio sufficiente nei nostri porti sovraffollati.

Accostare con vento dal mare

La manovra di accosto a vela piú difficile è quella con vento dal mare, poiché la barca non può piú essere arrestata, se il passaggio della cima di poppa non riesce. Sarebbe sbagliato fermare in qualche modo la barca, con le vele ammainate a notevole distanza dalla banchina, sperando che derivi in banchina per accostare parallelamente, proteggendola a quel punto con i parabordi. Infatti, poiché la presa al vento è maggiore a prua che a poppa, la barca finirebbe con la prua in banchina, nonostante l'effetto del timone.

Pronti ad ammainare la randa
La randa è pronta per essere ammainata
Orzare
Ammainare la randa

Tutto il timone a dritta
Pronti ad ammainare il fiocco
Il fiocco è pronto per essere ammainato
Ammainare il fiocco
Passare le cime

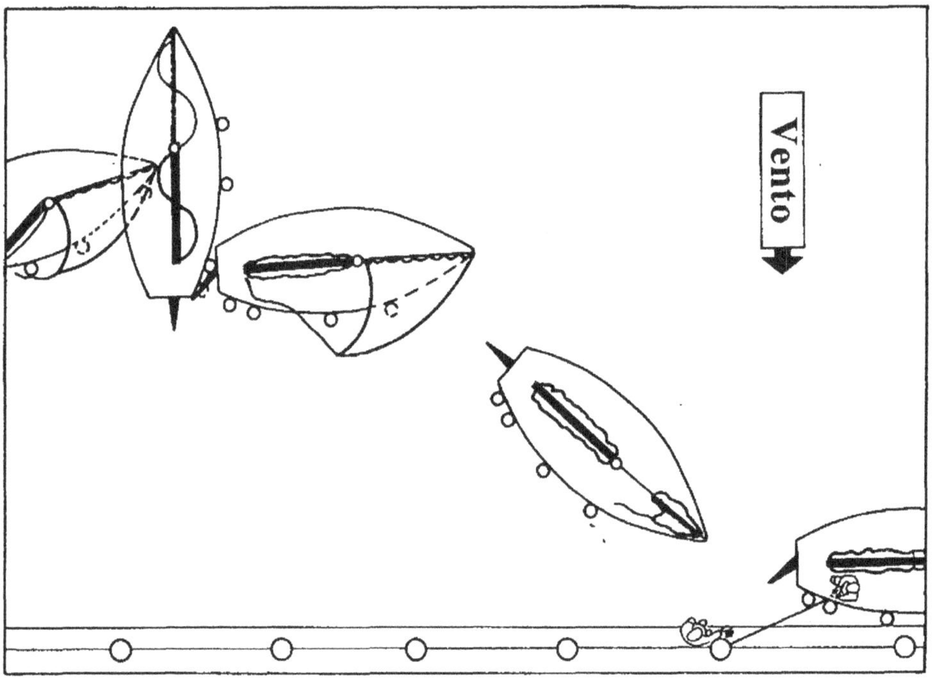

Fig. 83. Questa manovra può essere eseguita con il solo fiocco; è adatta esclusivamente a un equipaggio allenato.

Ormeggiare « all'italiana »

Non si dovrebbe mai ormeggiare a vela « all'italiana » senza necessità. In primo luogo esiste in questo caso la possibilità, piú comoda, di ancorare e poi portare una cima di ormeggio con l'aiuto del battellino, e secondariamente la manovra presuppone un equipaggio molto allenato. Se il vento soffia esattamente in banchina è ancora piú facile (ma anche piú rischioso). Eccezionalmente, in questo caso, è possibile, mettendosi prua al vento, oppure con una manovra di presa di gavitello (vedi fig. 64) dare fondo, per poi lasciarsi scadere in banchina, mentre la catena si distende. Se però l'ancora non morde, con vento forte, è la catastrofe.

Nel caso di vento da terra si concepisce una manovra - piú difficile, ma meno pericolosa - come se lo skipper volesse accostare lungo la banchina nel buco previsto.

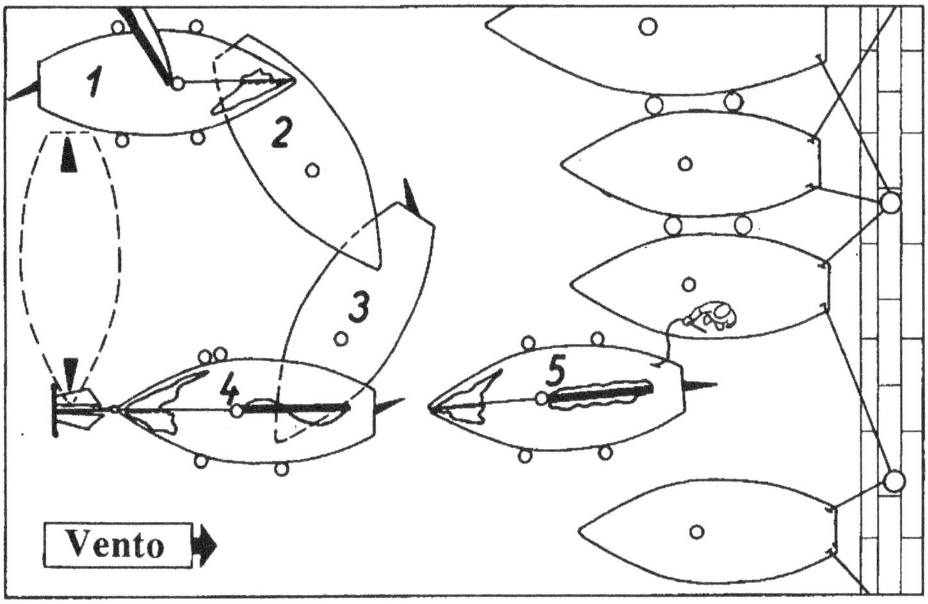

Fig. 84. Ormeggiare « all'italiana »: si consiglia solo con un buon fondale. Consultare la carta nautica e il portolano.

Tuttavia invece di preparare una cima di poppa per fermare la barca, si passa a terra una cima preparata con cura; lo skipper fa ruotare poi la barca e con vento portante continua, fino al punto previsto, per dare fondo, dove poi con l'aiuto della cima di poppa si arresta la barca. Non appena l'ancora è stata mollata, lo skipper ala la poppa in banchina con la cima.

Nel caso di vento parallelo alla banchina, lo skipper deve calcolare il punto in cui orzare, in modo da trovarsi davanti al buco. In quel punto si ammaina la randa e si passa a terra la cima. Con l'abbrivio restante si gira la barca, nel punto previsto per ancorare.

Salpare con vento da terra perpendicolare alla banchina

La manovra di partenza, che crea meno problemi, è quella con vento da terra esattamente perpendicolare alla banchina. Con o senza il fiocco, lo skipper si lascia allontanare dalla banchina, fino a quando ha velocità e spazio sufficiente per orzare e issare la randa. Tuttavia, prima di lasciare derivare la barca, si devono mettere dei parabordi a poppa, perché il vento, anche quando il fiocco non è issato, scosta in primo luogo la prua dalla banchina, il che comporta una rotazione della poppa in direzione opposta (quindi contro il molo).

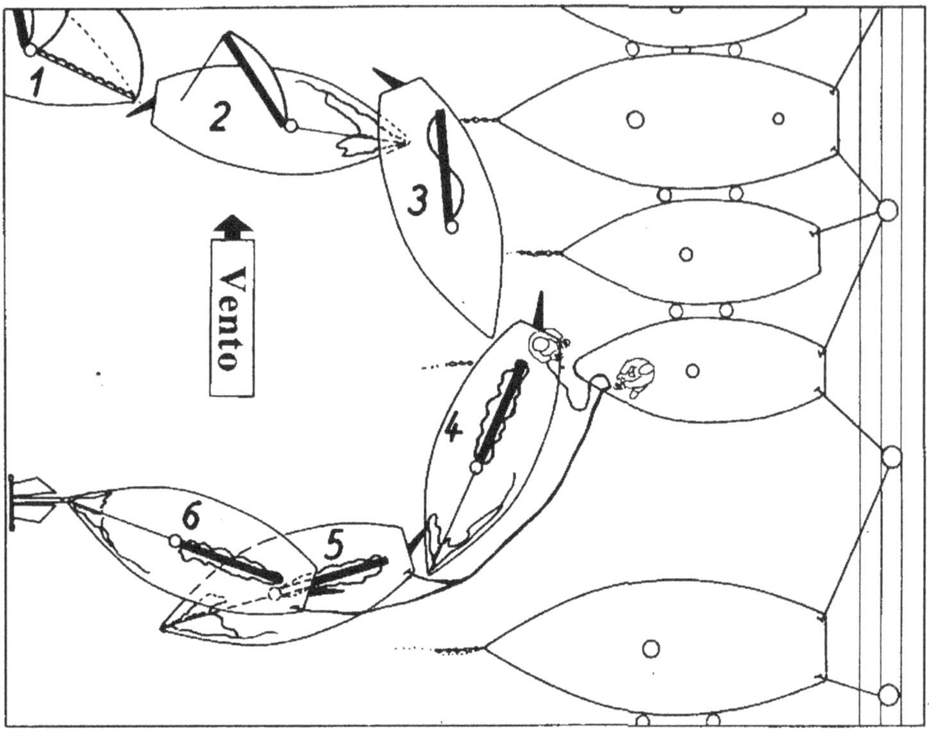

Fig. 85. Una manovra per velisti esperti. È necessario l'aiuto di qualcuno sull'altra barca per recuperare la cima.

Salpare con vento da terra che forma con la banchina un piccolo angolo

Per salpare con vento da terra, che forma con la banchina un piccolo angolo, si possono - ed è questa una delle poche eccezioni - issare già tutte le vele in banchina. Tuttavia, se la direzione del vento non è costante e vi è anche il piú piccolo rischio che, nel momento sbagliato, possa soffiare leggermente dal mare, si deve rinunciare a questa manovra.

Tutte le cime di ormeggio devono essere passate a doppino. La poppa dev'essere protetta da numerosi parabordi. Poi si sciolgono le cime di ormeggio nell'ordine seguente:

spring di prua
barbetta di poppa
barbetta di prua

Lo spring di poppa rimane, ancora per un momento, al suo posto, in modo che la prua possa ruotare, senza che la barca acquisti velocità. Quando la barca è sufficientemente scaduta, si cazzano le scotte, mentre contemporaneamente si recupera a bordo lo spring di poppa.

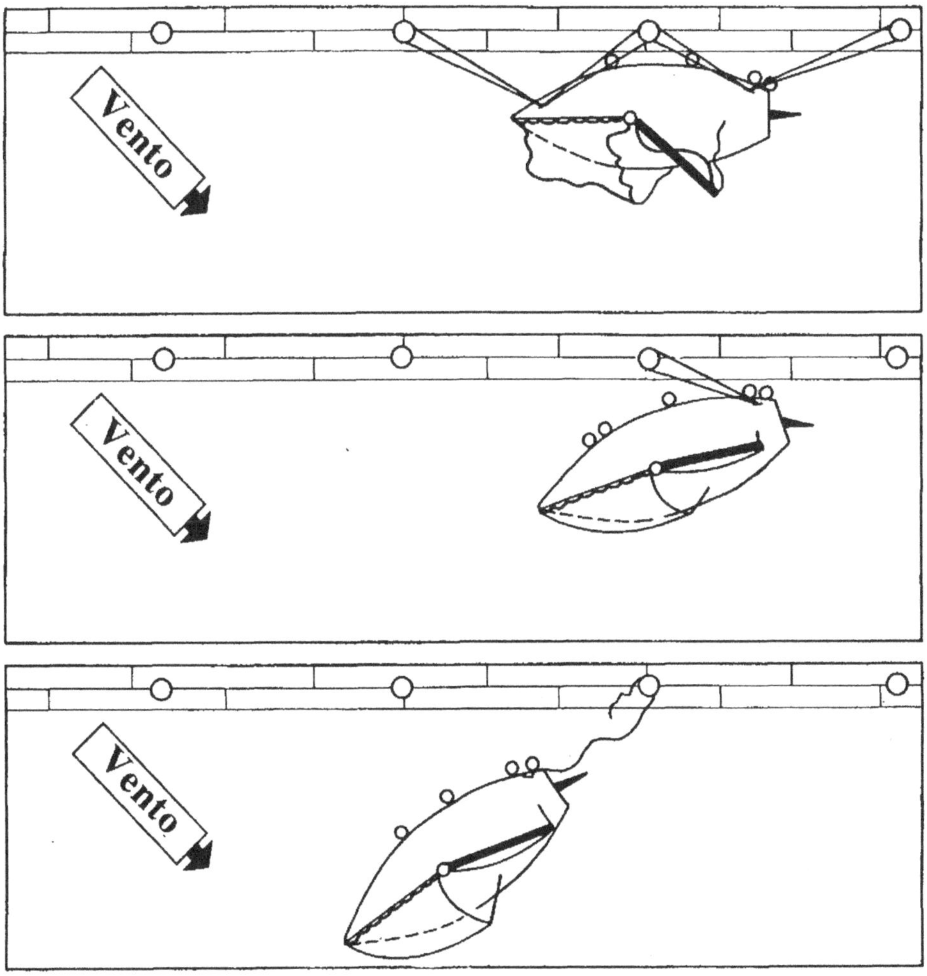

Fig. 86. Una manovra facile se si è sicuri che il vento soffi costantemente da terra per tutta la durata della manovra.

Salpare con vento da terra, di poppa

Nel salpare, con vento da terra, di poppa, non si deve in nessun caso cercare di issare la randa. In questa circostanza favorevole per partire è piú che sufficiente il fiocco. Le cime d'ormeggio, passate a doppino, vengono mollate nell'ordine seguente:

barbetta di prua
spring di poppa
spring di prua
barbetta di poppa

Questa manovra va eseguita solo quando la barca ha spazio sufficiente in banchina, perché può allontanarsi solo lentamente dal molo.

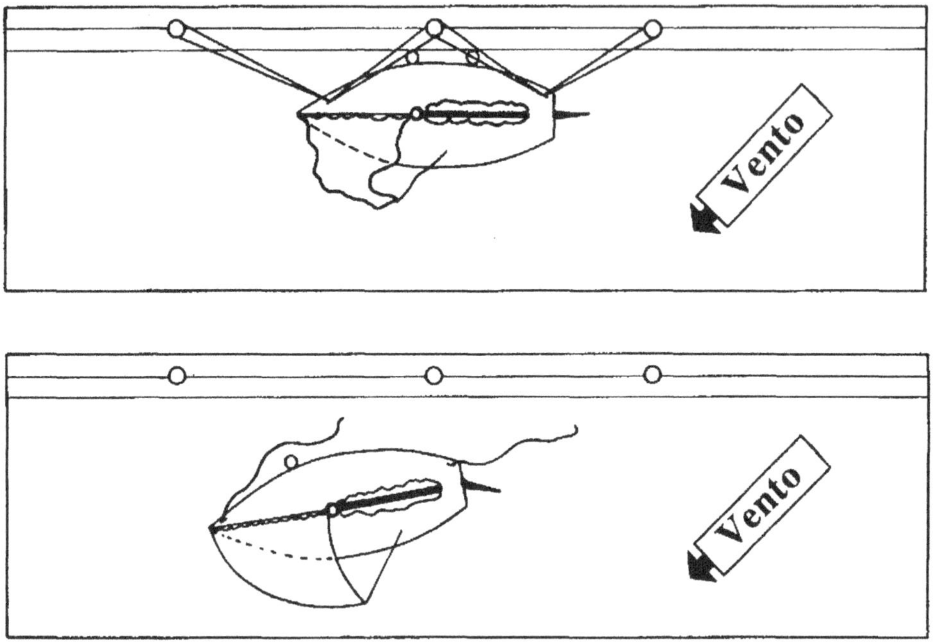

Fig. 87. Fate attenzione ad avere davanti lo spazio lungo la banchina. La barca può allontanarsi dal molo solo con un arco appiattito.

Salpare con vento dal mare

Nel caso in cui il vento soffia dal mare, si dovrebbe partire a vela solo in caso d'emergenza e, anche cosí, solo con un equipaggio numeroso. È meglio alare la barca in un punto in cui il vento è piú favorevole, per esempio ad un pilone o ad una boa (vedi alare, pagg. 53-55).

Per mostrare al lettore che tutte le manovre sono possibili, anche solo con l'aiuto naturale del vento, le descriveremo brevemente di seguito.

Salpare con vento dal mare, al portante

Il trucco per la manovra di partenza, con vento dal mare, al portante, consiste nel far prendere sufficiente velocità alla barca, con l'aiuto delle cime, in modo che subisca, solo limitatamente, la spinta del vento. A questo scopo si passa a doppino la cima di poppa per due o meglio tre lunghezze. Il fiocco è pronto per essere issato. A parte il timoniere e la persona alla drizza del fiocco, il resto dell'equipaggio tira sull'estremità libera della cima di poppa. In questo modo, in circostanze favorevoli, anche una barca di grandi dimensioni riesce a raggiungere piú di un nodo di velocità. Quando la barca ha acquistato un abbrivio sufficiente, si può issare il fiocco, poiché il timone diventa efficace, e non c'è piú pericolo che la barca venga spinta sulla banchina.

Questa manovra si può eseguire solo con un vento non superiore a forza 3 o 4.

Sarebbe sbagliato cercare di alare la barca con l'aiuto della cima di prua, perché in tal modo la prua verrebbe tirata contro il molo e non si riuscirebbe a guadagnare una distanza sufficiente, nemmeno dando timone.

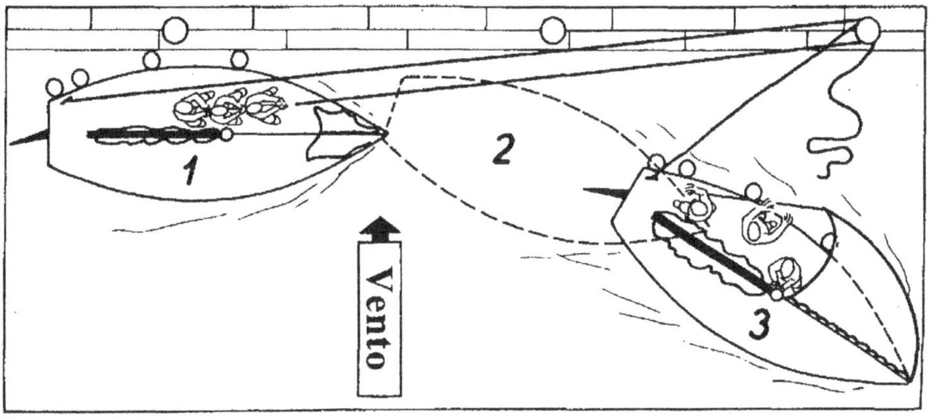

Fig. 88. Salpare a vela, con vento che soffia dal mare, è la manovra piú difficile; è consigliabile, anche per i velisti esperti, solo in circostanze favorevoli.

Salpare con vento dal mare e di prua

Partire, con vento che soffia dal mare e di prua, è sicuramente la manovra a vela piú difficile. L'equipaggio deve far acquistare alla barca una velocità sufficiente, non solo ad allontanarsi dalla banchina a secco di vele, ma anche per risalire il vento, in modo da poter issare la randa. Sarebbe sbagliato issare solo il fiocco, perché il vento spingerebbe la prua e la barca, per la scarsa velocità, non riuscirebbe a virare davanti alla banchina.

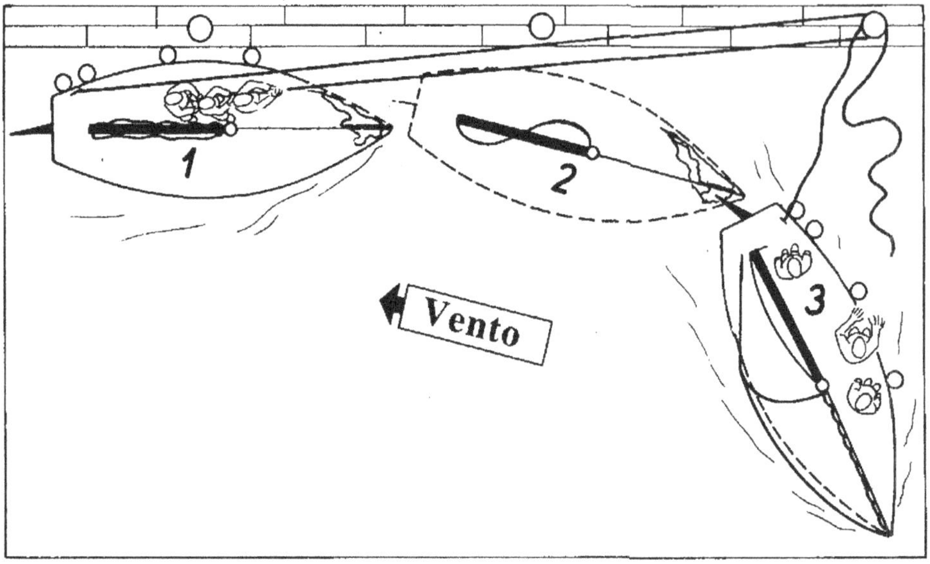

Fig. 89. Non è una manovra per un equipaggio familiare o con molto vento; è meglio che lo skipper faccia alare la barca in un punto piú favorevole.

Un comune equipaggio familiare non è in grado di eseguire questa manovra a vela. Se la barca non ha il motore e il vento soffia dal mare, ci sono le seguenti possibilità per partire dalla banchina:

1. alarsi sull'ancora in un punto di partenza piú favorevole;

2. alarsi su una cima (pagg. 53-55);

3. farsi rimorchiare da un'altra barca. Per il rimorchio si usa la propria cima, assicurata a prua. Durante la manovra di rimorchio, la prua si stacca dalla banchina, mentre la poppa ruota contro la banchina – quindi deve essere protetta con dei parabordi.

Capitolo VII
RIASSUNTO DEGLI ORDINI E DELLE CONFERME PIÚ COMUNI

Motore

Ordini	**Conferme**
Avanti piano (indietro)	*Avanti piano (indietro)*
Mezza forza avanti (indietro)	*Mezza forza avanti (indietro)*
Avanti (indietro) a tutta forza	*Avanti (indietro) a tutta forza*
1500 giri	*1500 giri*
Avanti il piú piano possibile	*Avanti il piú piano possibile*

Timone

Timone a dritta	
Timone tutto a dritta	
Di bolina	
Al traverso	
In poppa	
In filo al vento	
Prua al vento	
Rotta sul frangionda	
Rotta 320°	*Rotta 320°*
Virare a dritta	
Scontrare il timone	
Orzare (poggiare)	
Cosí va bene	

Vele

Pronti ad issare la vela (fiocco, genoa, randa)	*La vela (fiocco, genoa, randa) è pronta per essere issata*

Pronti alla drizza di randa (del genoa)	*La drizza della randa (del genoa) è pronta*
Issare la randa	
Pronti ad ammainare la randa	*La randa è pronta*
Tesare a ferro l'amantiglio	
Ammainare	
Serrare la vela	
Cazzare la scotta della randa	
Cazzare a ferro la scotta della randa	
Filare la scotta della randa	
Cazzare la volante sopravvento	
Orzare	
Poggiare	
Pronti a virare	*Pronti*
Passare la vela	
Pronti a strambare	*Pronti*

Cime

Preparare le cime e i parabordi a dritta	*Le cime e i parabordi sono pronti*
Passare la barbetta di poppa	
Portare la barbetta di prua	
Dare imbando alla barbetta di poppa	
Recuperare la barbetta di prua	
Dare volta alla barbetta di prua	
Filare la barbetta di poppa	
Mollare la barbetta di poppa	*Barbetta di poppa libera*
Tendere lo spring di prua	
Regolare lo spring di prua	

Passare la barbetta di poppa a doppino	*La barbetta di poppa è a doppino*
Filare la barbetta di poppa	
Imbando nella barbetta di poppa	

Ancore

Mettere in chiaro per ancorare	
Pronti a dare fondo	*L'ancora è pronta*
Ancora pronta per essere mollata	*L'ancora è pronta per essere mollata*
Mollare	
Dare 40 m di catena	*Dare 40 m di catena, 10 metri, 15 metri...*
Dare volta alla catena	*La catena è assicurata*
Recuperare catena	
Pronti a salpare l'ancora	*Pronti a salpare l'ancora*
Recuperare a picco	*L'ancora è a picco*
Spedare l'ancora	*L'ancora è libera*
Recuperare a bordo l'ancora	*L'ancora è a bordo*

Capitolo VIII
LE MANOVRE IN PORTO IN UN COLPO D'OCCHIO: TABELLA RIASSUNTIVA

Affinché il lettore, appena prima di una manovra, possa assicurarsi con uno sguardo di ciò che l'espone a rischio, ecco una tabella riassuntiva. È un problema suddividere le manovre, secondo il grado di difficoltà, esprimendolo con dei numeri, perciò ritengo valide tutte le riserve. Tuttavia può essere utile, in determinate circostanze, aiutandolo a prendere una decisione, se lo skipper tiene a cuore il principio fondamentale: nel dubbio - mai!

Manovra	*Quante persone sono necessarie come minimo per una barca di 3t (circa 9 m) con cattivo tempo*	*Sicurezza con cattivo tempo 1=100%, 2=buona, 3=rischiosa, quindi impossibile*	*Consigliabile in buone condizioni 1=principianti, 2=progrediti, 3=esperti (in condizioni piú difficili)*	*A che cosa occorre fare particolarmente attenzione*
Salpare a motore				
L'elica gira verso la banchina	2 (3)	2, con vento forte dal mare 3	1 (2)	Accostare in retromarcia, parabordi a prua
L'elica gira in direzione opposta	1 (2)	1, con vento forte dal mare 3	1 (1)	Proteggere la poppa
Facendo testa su uno spring	2 (2)	1	1 (1)	1 persona a prua con un parabordo; accelerare solo quando lo spring è in tensione
«All'italiana»	2 (3)	2	1 (2)	Tenere sotto controllo il piú a lungo possibile la barca con la barbetta di poppa a doppino
Gavitello	1 (2)	1	1 (1)	La manovra piú facile
Ancora	1 (2)	1	1 (1)	
Accostare a motore				
L'elica gira dal lato verso la banchina	1 (2)	1	1 (1)	Parabordi a poppa
L'elica gira in direzione opposta	1 (2)	1	1 (1)	Parabordi a prua
Facendo testa su uno spring	3 (3)	2	2 (3)	1 persona a prua con un parabordo; 1 persona atletica sul pulpito per saltare a terra
«All'italiana»	2 (3)	2	1 (2)	Portare a terra la barbetta di poppa il piú rapidamente possibile

Manovra	*Quante persone sono necessarie come minimo per una barca di 3t (circa 9 m) con cattivo tempo*	*Sicurezza con cattivo tempo 1=100%, 2=buona, 3=rischiosa, quindi impossibile*	*Consigliabile in buone condizioni 1=principianti, 2=progrediti, 3=esperti (in condizioni più difficili)*	*A che cosa occorre fare particolarmente attenzione*
Gavitello	1 (2)	1	1 (1)	Si deve dare volta alla cima il piú rapidamente possibile
Ancora	1 (1)	2 (dipende dal fondale)	1 (1)	Far prendere l'ancora andando indietro a tutta forza
Accostare a vela Vento da terra	2 (3)	2	2 (3)	Parabordi anche a poppa, ammainare la randa con anticipo
Vento verso terra; randa	2 (3)	2	2 (3)	Parabordi anche a poppa, ammainare la randa con anticipo
Vento parallelo alla banchina	2 (3)	2	2 (3)	Parabordi anche a poppa, ammainare la randa con anticipo
«All'italiana»	3 (4)	3	3	Consigliabile solo con la banchina libera, allora possibile anche lungo la banchina
Ancorare	1 (2)	2	1	Solo con buon fondale
Salpare a vela Vento dal mare	5 (6)	3	3	Una delle manovre piú difficili
Vento da terra	2 (3)	1	2	Partire con il fiocco
Salpare l'ancora su mure prestabilite	3 (5)	3	2	Solo con un buon fondale
Manovre di cime Rimorchiare con la cima	2 (3)	1	1	Controllare sempre la barca con la cima di poppa
Girare in banchina	3 (4)	3	1 parabordi a poppa: farsi aiutare dal vento	
Alare	2 (3)	3	1	Cima di prua assicurata all'albero

Nota

Per quanto attiene alla manovra in porto delle barche, sia a vela sia a motore, è opportuno tenere presenti almeno i principi generali di meccanica applicata ai natanti. Particolare attenzione dev'essere posta allo studio teorico del baricentro - o del centro di gravità -, ai movimenti di rotazione, alla stabilità, ai sistemi di propulsione, alla curva di evoluzione tipica di ogni imbarcazione.
Per le barche a vela è indispensabile sapere il tipo di armamento mentre per le barche a motore è determinante conoscere la forma del timone e se il natante sia fornito di una o piú eliche e, inoltre, se queste eliche siano destrorse o sinistrorse.
Per eliche destrorse si intendono quelle che, viste da poppavia, girano, durante la marcia avanti, in senso orario.

INDICE

Biblioteca del mare

Manuali, tecnica e sport

Albanesi O., *Lo spinnaker*
Barbanson G.-Besson J., *Conoscere e manovrare bene la barca a vela*
Bonioli P., *Navigare con le stelle*
Boscia C., *Ragazzi, alla deriva! Scuola di vela e vita*
Bruce P., *Navigazione con cattivo tempo*
Cheret B., *Vela leggera*
Creagh-Osborne R., *Questa è la regata*
Creagh-Osborne R., *Questa è la vela*
D'Adda F., *Manuale di primo soccorso in mare*
Deshors M., *L'avventura della vela*
Everitt D.-Witt R., *Queste sono le manovre*
Fiorillo E.-Tessa G., *Guida del diportista ecologico*
Glénans., *Corso di navigazione*
Gliewe R., *Queste sono le barche a motore*
Goring L., *Il manuale del motonauta*
Guerra S., *Lezioni di catamarano*
Harris M., *Comunicare in alto mare*
Howard-Williams J., *Il manuale delle vele*
Kenny D., *Le vele*
Mannella G., *Elementi di tecnica navale*
Marchaj C.A., *Le qualità marine di una barca*
Masia A., *Fai da te in barca. Le attrezzature di coperta*
Masia A., *Fai da te in barca. Legno*
Masia A., *Fai da te in barca. Materie plastiche*
Meggiorin G., *Skipper*
Messora L., *Lezioni di optimist*
Mosso A., *Il libro delle impiombature*
Pedote G., *Il manuale del velista*
Pedote G., *Il manuale dello skipper*
Pedrini C., *Il charter a vela*
Ravon D.-Dumard C., *La regata. Tattica e strategia*
Renouf J., *Guida Vagnon-Tutte le manovre della barca a motore*
Schenk B., *Le manovre in porto*
Schumann C., *Questa è la vela*
Sciarrelli C., *Lo yacht*
Serafini R., *L'apparato elettrico di bordo*
Sleightholme D., *Questa è la vela da crociera*
Streiffert B., *Guida rapida per lo skipper*
Streiffert B., *La barca in vetroresina*
Strommer L., *Lezioni di vela*
Verna U., *Il monotipo*